U0174764

巴黎食堂

百年老店的前世今生与最受欢迎食谱

法国皮嘉尔热汤项目组 编著

【法】伯努瓦·理内罗（Benoit Linero）摄影

张梦冬 译

电子工业出版社·

Publishing House of Electronics Industry

北京·BEIJING

Bouillon
PIGALLE

作为巴黎的美食文化遗产，有着"巴黎大众食堂"之称的皮嘉尔热汤餐厅 (Bouillon Pigalle)，其灵感来自19世纪中叶的"热汤 (Bouillons)"连锁食堂，这家使用超大号餐桌的连锁店遍布法国，以实惠的价格和优质的服务提供大量具有滋补功效的热汤和肉类菜肴。

今天，借助位于巴黎18区克利希大道22号的皮嘉尔热汤餐厅的开业，这颗美食遗珠获得了重生。300个座位，每天使用1500套餐具，犹如接受检阅般的蛋黄酱鸡蛋沙拉，数十公斤的勃艮第红酒炖牛肉……

如果你在家里也熟识这种沸腾的景象，那么为什么不来餐厅试坐一下超大号的餐桌呢？再感受一下可以伸开四肢、舒服地享用传统家庭菜肴的畅快，并去探寻餐厅的幕后团队如何做到以实惠的价格完成一份10人餐和更多人餐的小秘密。尽享此刻美食盛宴，就像热汤的滋味！

目 录

前菜

主菜

甜点

巴黎香浦市场(Champeaux)昔日盛景

19世纪中叶，巴黎腹地——路易六世于1137年建立的香浦市场 (Champeaux)不断发展壮大。黎明前，整车的水果、鲜花、蔬菜、黄油、鱼、家禽、野味等不断地被运到市场。

如山般的食材被卸下来，用以稍后"灌溉"整个首都。香浦市场每天都被堵得水泄不通，于是，重建被提上日程。

重建工作委托给建筑师维克多·巴尔塔尔(Victor Baltard)。自1852年起，巨大的铸铁廊庭和玻璃廊庭在圣厄斯塔什教堂(Saint-Eustache)的光影下开始矗立起来。

巴黎中央市场——从地下至廊庭顶端的建筑剖面图。朗斯罗 Halles centrales de Paris. — Coupe d'un pavillon
(Lancelot) 绘。

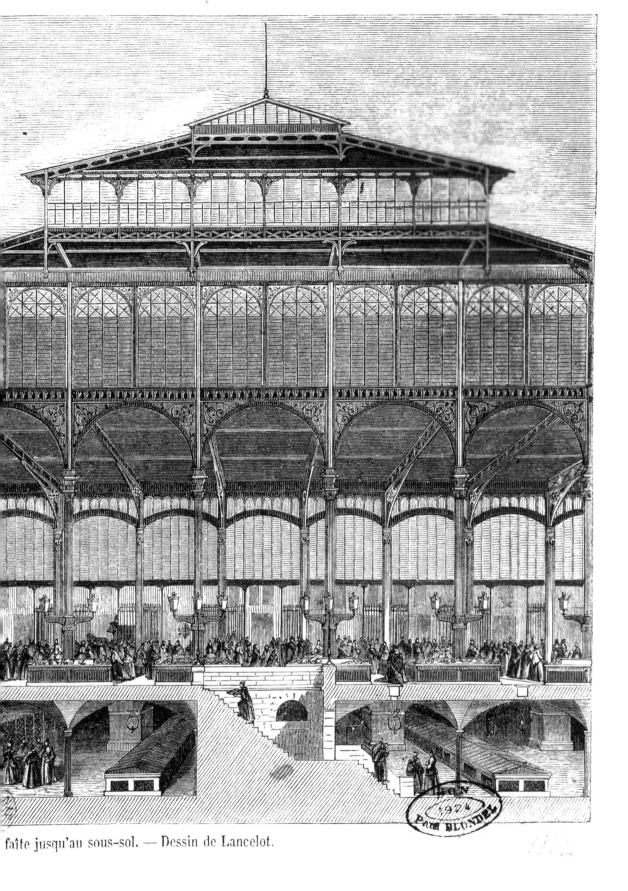

faîte jusqu'au sous-sol. — Dessin de Lancelot.

"卸下来的建筑材料从石板路一直延伸到马路上。菜农们从成堆的蔬菜中间清理出一条狭窄的小道以供人们通过。宽大的人行道，从此端到彼端都被蔬菜堆那凹凸不平的阴影覆盖着。但我们依然能在街灯粗暴的灯光下看到一束束洋蓟正丰腴地'绽放'，还有各种泛着绿色的沙拉菜、珊瑚色的胡萝卜、哑光大理石色的芜菁……人行道上人声鼎沸，人们走到小商贩中间，停下来，闲谈着、招呼着。远处传来大声地吆喝：啊！菊苣！

人们刚刚打开批发蔬菜的廊庭栅栏，中间商们则头戴白帽，围巾系在短上衣上，围裙用曲别针别起来以防弄脏，开始了今天的采购。购买的食材填满了地上的大背筐，从廊庭到人行道，人们来来往往、热闹非凡，其间人头攒动着，聊天声，喧闹声，为了一个苏[1]讨价还价可以持续一刻钟。"

《巴黎腹地》
爱弥尔·佐拉 (Émile Zola),发表于1873年

右图:《大市场》,雷昂·莱尔密特(Leon Lhermitte) 绘。
下页图片:大市场及商贩。巴黎世博会期间的埃菲尔铁塔。

注1:苏(sou),法国大革命前的货币单位,为辅币。

L. Lhermitte
1895

Quatrième Année. — N° 182. Huit pages : CINQ centimes Dimanche 31 Juillet. 1892.

Le Petit Parisien

SUPPLÉMENT LITTÉRAIRE ILLUSTRÉ

TOUS LES JOURS
Le Petit Parisien
5 CENTIMES

DIRECTION : 18, rue d'Enghien, PARIS

TOUS LES SAMEDIS
SUPPLÉMENT LITTÉRAIRE
5 CENTIMES

UNE PETITE INDUSTRIE PARISIENNE
LES MARCHANDES DE SOUPES AUX HALLES CENTRALES

90 - DIJON — Maison des Ambassadeurs, rue des Forges

Grand Bouillon
RESTAURANT
MAISON COTEL
Successeur de CHARPENTIER

6, Place de Valois et 9, Rue des Bons-Enfants

PALAIS-ROYAL

GRILL ROOM — APERÇU DES PRIX — Salon au premier

Potages et Hors-d'œuvre

15, 20, 25 c.

GRAND CHOIX DE PLATS

30, 40, 50 et 60 c.

Légumes 15, 20, 25 c.

VIN DE TABLE rouge 70 c. le litre
— blanc 80 c.

Café nature 20 c, avec liqueurs 30

Déjeuners et Diners à la carte.
HUITRES, ESCARGOTS

La Maison prend des Pensionnaires GRANDE TERRASSE

Imprimerie BARNARD (Guéry Successeur), 21, rue des Fontaines-du-Temple (angle de la rue Turbigo)

Bouillon Duval Chemin de fer Decauville.

MONT SAINT-MICHEL. — La Grande-Rue
Collections ND Phot

平民的餐桌

巴黎腹地聚集了菜农、商人、车夫、各种工人，更不要说还有本街区的居民们，如此众多张嘴巴需要填饱……

在1850年的大市场中，临时餐桌迅速发展，其中，以湿度餐厅 (Pieds Humides) 最为有名。而位于圣婴喷泉旁 (Fontaine de Innocents) 的"毕多切妈妈"餐厅 (La mère Bidoche) 则在露天为大家提供两文钱的蔬菜和一文钱的汤。接着，更多的商人们出现了，在市场俚语中他们被称为"首饰商贩"或"珠宝商"。这些商人的经商之道包括买下资本家多余的房子，把它们炒热，再把它们分割卖出去。在城市的郊区，那些人气小酒馆、酒商，还有廉价小饭馆都供应有平价饮食，但是还没有任何一家在巴黎市中心提供菜肴美味、服务优质，却价格低廉的餐厅……

餐馆消费：灵感起源

在这些吃食的背后，隐藏着法国历史上第一家平民餐厅"杜瓦尔热汤食堂 (Bouillons Duval)"和其老板的故事……

在1769年法国出版的年鉴中，于艺术和职业类目中可以看到编者玛杜林·罗兹·德·尚杜瓦梭 (Mathurin Roze de Chantoiseau) 提到了这位老板，在字母L的索引下，备注其为餐厅经营者。起因是从1766年开始，这位有远见的创始人，同时也是经营者，就在他位于圣奥诺雷大街上的阿里格 (Aligre) 酒店里，建议用小杯盛装蔬菜汤和肉汤售卖，这种既有营养又易于消化的食物，深受顾客们的喜爱：商贾、知识分子、贵族、金融界人士，还有女士们。无论如何，这些热汤不也正符合了平民的需求吗？

CARTE DES VINS

COP

VINS

Vins Ordinaires	Bout.	½ bout.
Contenance : bout. 0,64, ½ bout. 0,32		
Rouge	4 »	2 »
Blanc	4 »	2 »

(RECOMMANDÉ) *Vins en Carafe*	Carafe	½ car.
Rosé	6 »	3 »
Beaujolais	6 50	3 50
Anjou	6 50	3 50

Bordeaux rouge	Bout.	½ bout.
Bordeaux vieux	7 50	4 25
Médoc	9 50	5 »
Saint-Emilion	10 50	6 25
Saint-Estèphe	12 »	6 50
Saint-Julien	13 »	7 50
Château-Brane-Cantenac 1921	35 »	»
— d'Issan 1922	40 »	»
— Latour (recommandé) 1923	50 »	»

Bordeaux blanc	Bout.	½ bout.
Bordeaux vieux	7 50	4 25
Graves	11 »	6 25
Graves supérieures (recommandé)	12 »	6 75
Loupiac	15 »	8 »
Sainte-Croix-du-Mont	17 »	8 75
Barsac	19 »	10 »
Olivier Monopole, vin de Graves 1922	22 »	»
Sauternes, Grand Vin	26 »	14 »
Chateau-Lafaurie-Peyraguey 1921 (recommandé)	60 »	»

Vin de la Loire		
Anjou supérieur moelleux	12 50	6 75

Vins d'Alsace		
Hagel	20 »	»
Riesling	24 »	»
Clos du Mont Sainte-Odile	32 »	17 »

Bourgogne rouge	Bout.	½ bout.
Bourgogne supérieur	10 »	5 50
Mâcon	10 »	5 50
Nuits	10 »	5 50
Fleurie	13 50	7 75
Morgon	15 »	8 »
Moulin-à-Vent	15 »	8 »
Beaune	20 »	10 50
Aloxe-Corton	22 »	11 50
Pommard	25 »	13 »
Chambolle-Musigny	25 »	13 »
Vosne-Romanée 1921	25 »	13 »
Gevrey-Chambertin 1923	30 »	16 »
Clos Vougeot 1919	40 »	»
Bonnes Mares 1911	50 »	»
Eschezeaux 1911	45 »	»
Chambertin 1906	60 »	»
Hospices de Beaune 1909	60 »	»

Bourgogne blanc		
Bourgogne	10 »	5 50
Bourgogne supérieur	10 50	5 75
Bourgogne des environs de Chablis	14 »	7 75
Pouilly	14 »	7 75
Pouilly-Fuissé	15 50	8 25
Chablis, Grand Vin	18 »	9 50
Meursault Goutte d'Or	26 »	14 50
Chablis, Clos des Hospices	37 »	»

Vin du Rhône		
Châteauneuf-du-Pape	16 »	»

Grands Vins Mousseux
VEUVE AMIOT

Carte rose	21 »	13 »
Crémant du Roi	25 »	15 »
— extra-dry	25 »	15 »

CHAMPAGNES

	Bout.	½ bout.
Malakoff carte bleue, demi-sec	30 »	16 50
Mercier carte noire, demi-sec	30 »	17 »
— carte blanche, sec	35 »	19 »
Ayala, cuvée spéciale, sec et demi-sec	33 »	19 50
Ayala, carte blanche, sec et demi-sec	44 »	25 »
Moët et Chandon, carte bleue, doux	45 »	24 »
Louis Rœderer, carte blanche	70 »	36 50
Louis Rœderer, Grand Vin sec	80 »	41 50
Montebello, cordon noir	55 »	29 »
— , cordon blanc	60 »	31 50
— , maximum sec	70 »	36 50
Irroy, goût américain	75 »	39 »
— brut 1914	105 »	55 »
Heidsieck Monopole, Red top	90 »	46 50
— dry Monopole brut	90 »	46 50

EAUX MINÉRALES

Source Quicherat	2 25	1 75
Couzan (Eau minérale naturelle), Source Brault	2 50	2 »
Saint-Galmier (Badoit)	2 50	2 »
Saint-Alban	2 50	2 »
Evian, Source Cachat	3 50	3 »
Vittel, Grande Source	3 50	3 »
Vichy-Etat : Célestins, etc.	4 »	3 »
Vals Saint-Jean	4 »	3 »
Perrier	4 »	3 »

VITTEL, Grande Source

Vittel, Grande Source	3 50	3 »

Limonade gazeuse

Saint-Alban	4 »	3 »

Eaux de table

Eau « Chantilly » gazeuse	2 »	1 75

Eaux Minérales d'Evian

Source Cachat	3 50	3 »

BIÈRES

Munich Beer		4 »
Bière Gruber et Cie	2 50	2 »
Pale Ale	7 »	4 50
Extra Stout	7 »	4 50

CIDRE

Cidre de la Vallée d'Auge		

SPIRITUEUX ET LIQUEURS

	le verre dégust.
Rhum supérieur	3 50
Calvados	3 50
Sancta	3 50
Curaçao triple sec blanc (recommandé)	3 50
Cherry Rocher	3 50
Marc	3 50
Rhum Saint-Augustin	3 50
Marc supérieur de Bourgogne	4 »
Elixir Combier	4 »
Kummel Eckau (Comte de Pahlen)	4 50
Cognac Otard ★	4 50
Cognac Otard ★★★	5 »
Fine Champagne	5 »
Cognac Bisquit-Dubouché et Cie ★★★	5 »
Armagnac Darbaud 1869	7 »
Grande Chartreuse jaune	6 »
— verte	6 »
Tarragone (Pères Chartreux) jaune	6 »
Tarragone ( ) verte	7 »

Rhum Saint-James

Rhum Saint-James	4 »	

LIQUEUR COUVENTINE

Liqueur Couventine	3 50	

Vieille-Cure

Vieille-Cure	5 50	

Liqueur Bénédictine

Bénédictine Grande Liqueur	5 50	

Grand Marnier

	le verre dégust.
Cherry Cognac	4 50
Cordon rouge	6 »

Liqueurs Cusenier

Prunellia	4 »
Freezomint (menthe glaciale)	4 »
Mandarinette	4 »

Liqueurs Dolfi (Strasbourg)

Cordial Dolfi	4 50
Fraises des Bois	4 50
Kirsch Dolfi	4 50
La Pruna (véritable Quetsch d'Alsace)	4 50
Mirabelles de Lorraine Dolfi	4 50

Liqueurs Bols

Anisette rose	4 »
Apricot Brandy	4 »
Crème de Bananes	4 »
Curaçao blanc extra sec	4 »
Schiedam aromatique	5 »

Vins de Dessert

	le verre	
Banyuls (rouge ou doré)	2 50
Muscat de Tunisie (recommandé)	— 3 »
Malaga (vieux)	— 3 »
Xérès supérieur	— 3 »
Madère de l'Ile (vieux)	— 3 50
Porto rouge (réserve spéciale)	— 4 50

IMPRIMERIES FRANÇAISES RÉUNIES.

杜瓦尔热汤食堂酒单

R. C. Seine 96.531.

RESTAURANT DUVAL
MENU DU JOUR

Couvert 2. sans boisson 3.
Champagne Cocktail 6.
Pyramides 19 Août 1951
Martini Cocktail 8.

Melon glacé la tranche 7. Hors d'oeuvres variés 7. par personne
Oeuf à la gelée de Porto 3. Consommé froid en tasse 2,50

Potages | Potage Parisien 2,50. Consommé vermicelle 2,50. Oxtail soup 3,50.
Petite marmite de la Maison 5.

Oeufs | Omelette Forestière 7. Oeuf plat Bercy 7. Oeufs pochés Florentine 7.

Poissons | ½ Langouste mayonnaise 12. Grenouilles sautées Provençale 6. Fresh Lobster salad 8.
Merlan frit tartare. Saumon froid sauce Vincent 9. Cabillaud sauce câpres 7.
Sole frite ou au Chablis 14. Maquereau grillé Mre d'Hôtel 5.

Plats du Jour —
Noise de veau braisée Napolitaine 8.
Gigot de pré-salé rôti aux panachés 9.
Entrecôte minute grillé pommes pont neuf 9.

Entrées | Foie de veau fines herbes 8. Vol au vent financière 8.
½ Poulet en cocotte Parmentier 12.
½ Rognon de veau en casserole Maison 10.

Grillades | Chateaubriand pes soufflées 14. Calf's liver and bacon 10.
Côte de veau Mre d'Hôtel 10. Jambon pommes paille 10.
Mutton chop 12. ¼ de poulet côte cresson 15. Mixed grill 12.

Buffet froid | ¼ de poulet 15. Chicken salad 16. Viandes froides assorties 9.
Salades | Laitue 3,50. Céleri en branche Escarole Chicorée 3. Tomates Cucumber 4.

Légumes | Haricots verts au beurre 5. Artichaut sauce mousseline 4.
Petits pois Paysanne 5. Poissons Maître d'Hôtel 4.
Épinards braisé à la crème 5. Spaghetti Napolitaine 4.
Tomates sautées Bordelaise 5. Boiled onions & Baked potatoes 4.
Corn on the cob butter sauce 5. Asperges sce Hollandaise 9.
Choux-fleurs Mornay 5. Mushrooms on toast 8.

Fromages | Camembert Port salut Gruyère 2,50 Roquefort 3. Yoghourt 3.
Petit suisse 2. Crème normande 3. Cheese crackers 1,50.

Entremets | Glace chocolat ou vanille 3,50. Tarte aux fruits 4. Raspberries and cream 8.
Crème caramel 4. Compote de Reine-Claude ou de pêches fraîches ---- 6.
Coupe Jack 6. Coupe de fruits rafraîchis 7. Meringue glacée 4.
Pêche Melba 8. Framboises Melba 8. Gaufrettes 2.

Fruits | Framboises au sucre 6. Poire 4. Pêche 3,50. Raisin 3,50.
Reine Claude 3. Banane 2. Orange 3,50. American coffee 4.

杜瓦尔热汤食堂菜单

从食堂到连锁店

一张任何人都可以尽情享用的舒适的餐桌、实惠的价格，这就是创始人巴蒂斯特-阿尔道夫·杜瓦尔(Baptiste-Adolphe Duval)的计划。作为一个屠夫，像大市场中所有小人物一样，重现昔日热汤食堂美味的想法逐渐浮现在他的脑海中……

1854年，在巴黎零钱街(rue de la Monnaie)上，第一家杜瓦尔热汤食堂问世了。第二家、第三家，紧接着第四家，然后其他分店接踵而至。多年以后，杜瓦尔企业在巴黎已经拥有四十余家店铺：圣德尼大道、马德莱娜广场、哈弗尔广场、意大利人大道、罗马大街、克利希大街、法布鱼贩大道、九月四日大街、圣日耳曼大道……且不说，还有1889年巴黎世博会围墙内的三家餐厅，以及开在第戎市、克莱蒙费朗市，和圣米歇尔山上大获成功的餐厅。这是一个餐饮帝国，堪称法国餐饮史上的翘楚。

经营案例

杯装热汤、焗烤菜花佐法式奶酪蛋黄酱(sauce Mornay)、小牛肉、烤羊腿或烤牛肉……这些菜品本身就解释了杜瓦尔热汤食堂的成功，其背后隐藏的更是现代化的管理方式。

集中式采购、工业化的面包制作，还有鲜肉业、奶制品生产商，苏打水供应商，波尔多和贝尔西地区的酒厂，甚至洗衣店都包含在杜瓦尔帝国的饮食体系里。这些流程和分类足以降低成本，甚至提高了餐厅的效率。服务流程就像阅兵式一样运转着。在门口，一位服务员迎接客人，随后为他奉上今天的菜单或帮助他点菜。一旦客人入座后，接下来便由一位女服务员接手，随之提供一连串的悉心服务。身着黑色美利奴裙，外系白色蕾丝罩裙，头戴薄纱无边软帽，由此勾勒出这位前来用餐的女士的外表，通常此形象代表了一位年轻时尚的母亲，兼具女性气质、美德和社会进步的风潮。从用餐结束到餐后喝咖啡，直至最后移步收银台，这一切如同上了发条般的机械化流程在全天候运转着。

RESTAURANT   MONGLOND   RESTAURANT   HÔTEL

BOUILLON
MATELOTTE FRITURE
PLAT DU JOUR

VIN BLANC DE CHAB
CAFÉ VINS LIQUE
APÉRITIFS DE

AVENUE D'ALLEMAGNE
06

CARTE POSTALE

75019

ADRESSE

Cher Père
Je viens de me faire
Tirer sur cette carte
vous me trouverai
depuis que j'ai
recu cette secouse
j'ai changer
Je vous salue
Maman 37 d'allemagne

Monsieur
François aux
village de La
chaise commun
De Bersac
Haute Vienne

COMPAGNIE ANONYME DES ÉTABLISSEMENTS DUVAL

Au Capital de 4,750,000 Francs

---*---

SIÈGE SOCIAL & DIRECTION A PARIS : 21, RUE SAINT-FIACRE

---*---

EXPOSITION UNIVERSELLE DE 1889

Imp. COULBEUF, 97, P. d. Caire. PARIS.

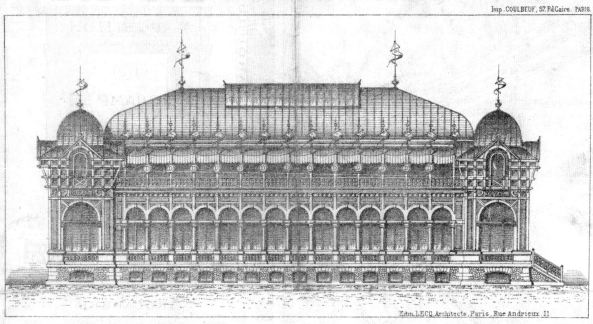

Edm. LECQ, Architecte, Paris, Rue Andrieux, 11.

VUE du Bouillon DUVAL à l'Exposition, quai d'Orsay, rue de l'Histoire-de-l'Habitation, près la Gare.

1889年巴黎世博会期间，杜瓦尔热汤食堂外景。

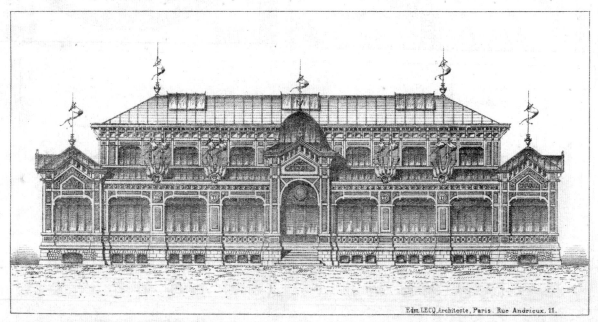

Edm. LECQ, Architecte, Paris. Rue Andrieux. 11.

VUE du Bouillon DUVAL à l'Exposition, avenues de La Bourdonnais et de La Motte-Picquet.

SITUATION TOPOGRAPHIQUE des ÉTABLISSEMENTS DUVAL dans Paris.

杜瓦尔热汤食堂在巴黎市内的分布图。

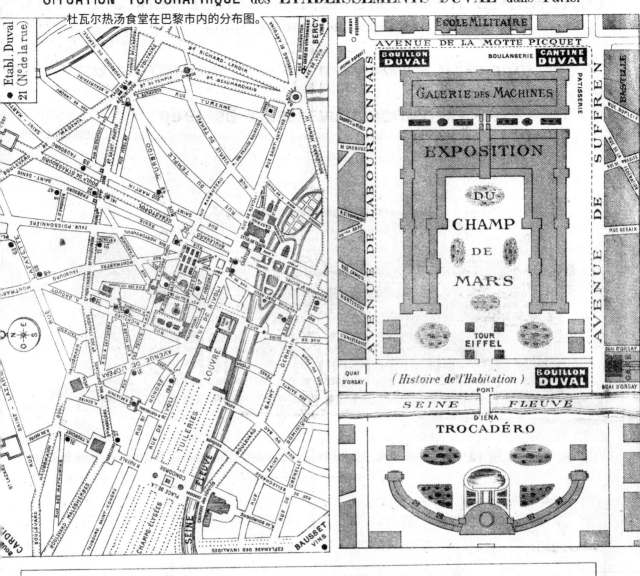

VUE de la CANTINE DUVAL à l'Exposition, avenues de La Motte-Picquet et de Suffren.

LE BOUILLON DUVAL DANS

1878年世博会期间，位于巴黎战神广场(Champ-de-Mars)附近的杜瓦尔热汤食堂内景。

RC DU CHAMP-DE-MARS.

优秀的贡献者

直接或间接地,许多人士都表达了对杜瓦尔热汤食堂的认可。从内部装饰开始,位于孟德斯鸠大街上的食堂,店内壮观的金属建筑结构成为人们的热门话题。它由雷克先生(M.Lecq)签署设计,建筑师重申了无数次,这是一件杰作。

每个人都有着各自不同的表达方式。比如说唱艺人阿里斯蒂德·布鲁恩反复哼唱的小调:"我是杜瓦尔热汤食堂的收银员!我以此为荣,因为人们在这儿吃得不赖!对那些觉得这里不好的人,我理由充分地对你说,当你来到杜瓦尔,一定要喝这儿的汤!"

更不要提由食堂常客奥古斯特·雷诺阿于1875年绘制完成的该店服务员的肖像画了。不过,毫无疑问最好的说明还是杜瓦尔帝国奠基者的儿子亚历山大·杜瓦尔说的话了。1900年初,由于在科马丹剧院演出的轻歌剧中引用了他说的俏皮话,他由此成为了巴黎上流阶层的名人。当他在罗斯柴尔德男爵家吃晚餐时,人们问了他一个意想不到的问题,他回答道:"我爸爸是屠夫,我妈妈是收银员,而我,现在在罗斯柴尔德男爵家用餐!"

前页:1878年,世博会期间位于战神广场旁边的杜瓦尔热汤食堂。

右图:1922年,亚历山大·杜瓦尔去世后,《插图》杂志刊登的一幅关于他的漫画肖像。

conduit Charles de Habsbourg et les siens vers la confortable villa que l'hospitalité de Madère leur a offerte. C'est que l'opération de l'appendicite, qu'il a subie en Suisse et pour laquelle sa mère fut autorisée à se rendre à son chevet, le retient encore, convalescent. Mais, à l'heure actuelle, il a pu rejoindre, lui aussi, l'île lointaine.

Ce séjour enchanteur, du moins pour les voyageurs qui y font une rapide escale et qui le dépeignent comme un des plus riants du globe, séduit peu, pourtant, l'ancien empereur d'Autriche-Hongrie. Il s'est déjà inquiété de la chaleur qu'il redoute pour les mois d'été et il a demandé au Conseil suprême qu'il lui fût permis, pendant la saison chaude, de se rendre en Angleterre avec les siens. Il est douteux que cette demande soit prise en considération.

Charles de Habsbourg s'ennuie. Il occupe ses journées à la lecture, à la prière, à de longues randonnées en automobile, à la chasse. L'éducation de ses enfants, à laquelle il veille lui-même scrupuleusement, va lui créer un utile divertissement.

Les habitants de Madère l'entourent d'égards. Pour éviter à la famille royale un long trajet jusqu'à la cathédrale, on a improvisé une chapelle dans sa villa. Quelques monarchistes portugais, fidèles à la branche aînée des Bragance, ont même conçu pour les exilés de vastes espérances. Est-ce pour cela que les Alliés ont fait connaître

à Charles de Habsbourg que toute manifestation politique entraînerait pour lui l'internement dans une île encore plus éloignée?

Mais il a d'autres soucis, plus immédiats. Le plus grave est celui de sa liste civile. Il a, à l'heure actuelle, à peu près épuisé les ressources liquides dont il disposait. Or, les anciens Etats qui formaient son empire se refusent à lui fournir une pension. L'Autriche allègue sa ruine. La Hongrie déclare, ne plus vouloir connaître un prétendant qui vient d'attenter à son régime. Les puissances de la Petite-Entente se récusent. C'est pourquoi Charles de Habsbourg s'est adressé au Conseil suprême, réclamant de ceux qui l'ont exilé qu'ils subviennent à son existence. Une sous-commission a été nommée pour examiner sa requête. La question est fort délicate. La déchéance des Habsbourg est affaire de politique intérieure. Les Alliés ont-ils le droit d'obliger les anciens Etats de la Double-Monarchie à entretenir celui qui fut leur empereur et roi et qu'ils ont rejeté? Et, d'autre part, si ces Etats se récusent, est-ce aux Alliés de grever encore leurs budgets respectifs d'une pension à leur ancien ennemi?

C'est un nouveau chapitre que Charles de Habsbourg et les siens ajoutent au mélancolique roman des « Rois en exil »...

UNE FIGURE PARISIENNE

ALEXANDRE DUVAL

Texte et dessins de SEM

L'Illustration me demande quelques notes et souvenirs sur Alexandre Duval. J'ai, en effet, été très lié avec lui et je l'aimais beaucoup. Sa mort m'a fait beaucoup de peine.

A la première nouvelle, j'ai été stupéfait ; je n'y pouvais croire. Duval mort! Quelle blague! Ce mot qui, pour d'autres, eût été indécent m'est venu aux lèvres tout naturellement. Ce diable d'homme n'avait-il pas poussé la manie, la rage de la plaisanterie jusqu'à mystifier la mort elle-même? Il y a une dizaine d'années, avant les hauts prix de la vie chère, il avait conclu un marché avec un entrepre-

neur de pompes funèbres. Il avait payé à forfait tous les frais de ses obsèques, les plumets des chevaux, les cierges, les fleurs, les draperies écussonnées, jusqu'aux larmes d'argent obtenues au tarif le plus réduit. Il fallait voir comme il se frottait les mains, clignant un œil malin, savourant d'avance le bon tour un peu macabre joué à son fournisseur de bière. « Ah! mon vieux, tu vois d'ici la tête de Borniol le jour où je *clamecerai!* » Et son rire éclatait vigoureux, sonnait clair, très rassurant... Mais la mort ne blague pas.

Cependant, je ne puis me faire à cette idée. C'est inconcevable! Je l'avais encore croisé il y a trois ou quatre jours devant le théâtre des Capucines, son théâtre de prédilection. Je le vois encore marcher droit, cambré, pinçant l'asphalte, si vivant! Il souriait, les yeux fins, en coup d'ongle, la bouche en O comme si un bon mot frais allait en jaillir. Ses narines ouvertes humaient l'air du boulevard, son boulevard... (Il y croyait encore!) Il saluait largement, à droite et à gauche, son petit chapeau dont les huit reflets luisaient gaiement parmi la houle terne des tristes feutres mous. Il était vêtu de cheviotte si solide, cravaté de si belle soie, si bien chaussé, si bien guêtré, si bien ganté, si flambant neuf des pieds à la tête, qu'il semblait inusable,

indestructible, éternel! Je ne puis me l'imaginer maintenant immobile, muet, sérieux pour jamais.

Chose singulière : cet excellent homme, qui aimait par-dessus tout la popularité, le battage fait autour de sa personne et de son nom, s'en va discrètement, sans tambours ni trompettes. Il est mort, pour ainsi dire, sur la pointe de ses pieds vernis. Ce Français type s'en va à l'anglaise. En bon acteur, il fait une bonne sortie, disparaissant en plein succès, nous laissant intact son souvenir si plaisant. Il a évité les disgrâces de la maladie, la décrépitude de la vieillesse. Plus heureux que son ancêtre Brummel, qui a fini misérablement à Caen, gâteux et malpropre, il s'en va de son œil vif, net, élégant, portant beau et se portant bien, conservant intact jusqu'à son dernier jour sa tenue et sa silhouette légendaires, plus jeune cent fois que nos jeunes « gigolos » qui le jugeaient démodé. Bravo, Duval! Tu pars en beauté. Tu es resté *chic* jusqu'au bout. Tu as tenu l'affiche et joué ton rôle sans défaillance jusqu'à la centième.

Ah! jouer un rôle, être blagué dans les revues des petits théâtres, il adorait cela! C'était son vice, son dada, un besoin impérieux. Quand on répétait une nouvelle revue de Rip, ou de quelque autre, aux Capucines, il entrait d'autorité dans la salle, forçant toutes les consignes : il était chez lui.

Tout de suite il s'inquiétait, réclamait le directeur : « Voyons, mon vieux Berthez, est-ce que j'en suis? » Il lui fallait sa scène, son petit bout de couplet... Au besoin, il l'aurait composé lui-même! Et quand c'était chose promise, il choisissait l'artiste qui devait l'incarner. Dès lors, l'élu devenait son homme, il le couvait, il le lâchait plus, le soignait comme son poulain. Il l'amenait chez son coiffeur, son tailleur. Il lui prêtait sa cravate, son gilet, son chapeau, veillait à son linge, à ses chaussures, surveillait tout, jusqu'à ses dessous, jusqu'aux jarretelles et au caleçon... Il l'encourageait : « Voyons, mon garçon, regarde-moi. Du chic, que diable! Et ces ongles! Tu n'y penses pas? Vite, chez ma manucure! »

Le jour de la répétition générale, ému comme une mère d'actrice, il se mettait au son « trente-et-un », s'habillait exactement comme son sosie et il jouissait doublement de se voir deux fois, sur la scène et dans la salle. Puis, chaque soir, et même aux matinées, il était là, bien en vue, guettant les effets, surveillant la claque, prêt à saluer à chaque rappel. A souper, il se répandait dans les restaurants, ravi, heureux comme un enfant : « Eh! m'as-tu vu aux Capucines? »

A force de se frotter aux gens de théâtre, il avait fini par monter lui-même sur les planches, pour quelques représentations de charité. Mais ses débuts furent piteux. Ce fut à la Comédie-Française. Il resta coi, clignotant sous les feux de la rampe, devant un public sympathique, qui souriait à son embarras. Plus tard, au théâtre de la Gaîté, pour le bénéfice de Paulus, il joua avec Rip et moi une sorte de petit sketch. Ce fut encore lamentable. Cet enragé

crâneur était un timide. Sans Rip, qui lui tendit la main, le repêcha dans son naufrage, il tombait dans le trou du souffleur, qui, le souffle coupé, étouffait de rire. Mais, à la représentation de Noblet, il prit sa revanche. Il fut superbe en maître d'hôtel galonné, servant le souper de Napoléon III, que jouait Sacha Guitry. Ce fut son ultime triomphe. Moi aussi, ce jour-là, je m'exhibais et je fis devant le public un grand croquis de lui.

D'ailleurs, Duval est le personnage que j'ai le plus souvent dessiné. Il m'appelait à tout propos son photographe ordinaire. « Je vous présente, disait-il, l'homme qui a essayé de me rendre plus ridicule que je ne suis. » Je l'ai accommodé, si j'ose dire, à toutes les sauces. C'était la carte forcée, le plat du jour imposé. Une fois, cependant, j'ai omis de le faire figurer dans une de mes albums. Je mettais le mot : *fin*, à la dernière page, quand je m'aperçus

de cet oubli. Vite, d'un trait de plume, je réparai la fatale erreur. C'est que, quand je le sentais négligé, il devenait soucieux. Alors il me relançait : « Allons, vieux photographe, qu'est-ce que tu f... Tu ne me dessines plus? On ne parle plus de moi, les recettes baissent dans les bouillons! » Et alors, confidentiel, il me révélait son truc. « Tu comprends? A Paris, il ne faut se laisser oublier, il faut garder la vedette. Penses-tu que j'arbore ces *galures* ridicules pour le plaisir d'être *moche?* Il faut qu'on me remarque, qu'on entende partout : « Tiens, voilà » Duval, c'est Duval, Duval, Duval... » C'est ça qui fait bouillir les bouillons! J'ai un uniforme comme mes bonnes. »

Il fallait voir quand, entrant à l'improviste dans un de ses établissements, il les passait en revue, ces bonnes alignées à l'ordonnance, le petit doigt sur la couture du tablier, toutes fières de leur bel Alexandre! C'est qu'il s'occupait sérieusement de son affaire, goûtant le veau Marengo à la cuisine, mirant les œufs du jour. Il me disait : « Quand j'étais jeune, vois-tu, j'avais des bonnes fortunes. Maintenant, je n'ai plus que des bonnes sans fortune. » Ses bons mots sont innombrables, on les a cités partout. En voici un que je lui ai entendu dire. A un ami qui, le voyant attablé au Café de Paris, lui reprochait de ne pas dîner chez Duval, il répliqua : « Chez moi, mon cher, c'est plein, il n'y a plus une place. »

Il contait aussi des anecdotes très savoureuses sur le monde des bouchers de la Villette, sur les habitués des restaurants populaires, des bibines à bon marché. Il me citait un type bien amusant, *le suiveur de menu*, un bonhomme, qu'on invitait à chaque banquet de noce, et dont l'étrange profession consistait à pointer les plats au passage, pour voir si les garçons n'en *sautaient* pas un. Ils en voulaient pour leur argent, ces gens!

Sa verve et ses souvenirs étaient inépuisables. Il avait connu tant d'hommes et de femmes célèbres,

前菜

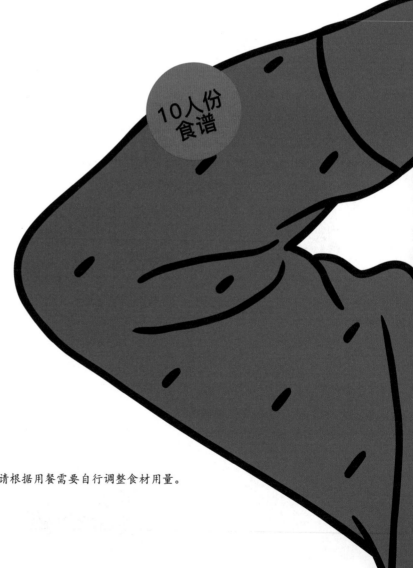

10人份
食谱

注：本书中食谱均为10人份食谱，请根据用餐需要自行调整食材用量。

松露蛋黄酱白煮蛋

Œufs mayo à la Truffe

材料:

30个鸡蛋

375克蛋黄酱:1个蛋黄 / 1咖啡匙第戎芥末酱(Dijon mustard)[1] / 1汤匙醋 / 60毫升松露油

250毫升葡萄籽油或葵花籽油 / 4克松露碎 / 盐和黑胡椒粉

做法:

1.首先制作蛋黄酱。在蛋黄中加入芥末酱,慢慢地倒入葡萄籽油(或葵花籽油),再倒入松露油,使蛋黄乳化。小锅中加热醋,加入盐和黑胡椒粉使其溶解。将其倒在蛋黄酱上并持续打发。最后加入松露碎,搅拌均匀。

2.用小锅煮鸡蛋,煮7分钟,将其各切成两半。

3.盘中挤上蛋黄酱,放入鸡蛋,表面再挤上一层蛋黄酱。

注1: 第戎芥末酱, 味道细腻辛辣, 是法式芥末酱的代名词。与莫城芥末酱(Moutard de Meaux)齐名, 是法式酱汁的基础。

蛋黄酱拌根芹佐烟熏鲱鱼

céleri Rémoulade sprats fumés

材料：

300克烟熏鲱鱼 / 1公斤带皮根芹 / 50克莫城芥末酱(Moutarde de Meaux) [1]
盐和黑胡椒粉 / 柠檬挤汁 / 少量欧芹
蛋黄酱：1个蛋黄 / 1咖啡匙第戎芥末酱(Dijon mustard) / 200毫升葡萄籽油 / 1汤匙雪莉酒醋 / 盐和
黑胡椒粉

做法：

1.制作蛋黄酱。在蛋黄中加入第戎芥末酱，慢慢地倒入葡萄籽油，手动或用搅拌器打发，使其乳化。

加热雪莉酒醋至温热，加入盐和黑胡椒粉，搅拌使其溶解，然后倒在蛋黄酱上并持续打发。

2.根芹去皮，用柠檬汁稍浸泡，切碎。加入少量蛋黄酱和莫城芥末酱，用盐和黑胡椒粉调味。

3.取一圆盘，在中间放置圆丘状的蛋黄酱拌根芹，放上烟熏鲱鱼，撒上欧芹碎。

注1：莫城芥末酱是著名法国产芥末酱，是法式酱汁的基础。

黄油
小红萝卜

Radis beurre de fanes

材料：

2把小红萝卜

3克盐之花[1]海盐

200克常温原味黄油

做法：

1.用清水洗净小红萝卜，之后用干净的布擦干。

2.将萝卜叶切下来，留少量切碎，与黄油一起搅拌，撒入少量盐之花海盐。将搅拌好的黄油放在小盘上。

3.切掉萝卜根部。将小红萝卜蘸咸味黄油佐烤面包一起享用。

注1：盐之花专指产自法国布列塔尼的天然海盐，是法式高级料理的必备调料。以盖朗德盐之花为上品。

孔泰奶酪泡芙佐苦苣沙拉

la Gougère au comté

烹饪时间:40分钟

材料:

500毫升水 / 6克盐 / 200克黄油 / 270克面粉 / 8个鸡蛋 / 160克孔泰奶酪 (comté) +50克 / 1棵苦苣
200毫升油醋汁:20毫升红酒醋 / 100毫升葵花籽油 / 60毫升橄榄油 / 盐和黑胡椒粉

做法:

1.锅中将水、盐和黄油加热至轻微沸腾,将锅移开火源,慢慢倒入面粉,将面粉揉成面团并且不再粘连容器壁。然后再向其中缓缓加入打散的鸡蛋,揉成面团。

2.切碎孔泰奶酪,将其混合到泡芙面团里。用保鲜膜将面团包裹好,在室温下晾置,然后放入裱花袋里。

3.在烤盘上挤出泡芙,撒上另外的50克孔泰奶酪碎,放入提前预热至180℃的烤箱内烤制大约30分钟,依据泡芙不同的直径调整时间。

4.将苦苣洗净,沥水。准备油醋汁:将盐和黑胡椒粉加入红酒醋中,再倒入葵花籽油和橄榄油使其乳化。

5.将油醋汁浇在苦苣上即可。

红醋番茄

Tomates vinaigrette rouge

材料：

1公斤串红番茄[1]（或小个红番茄）/ 120克红洋葱 / ½束欧芹 / 14克盐之花海盐
400毫升番茄醋：300克樱桃番茄 / 20毫升雪莉酒醋 / 60毫升橄榄油 / 盐和黑胡椒粉

做法：

1.制作番茄醋。洗净樱桃番茄，各切半，将其与橄榄油和雪莉酒醋混合搅拌，用盐和黑胡椒粉调味。

2.将红洋葱去皮，切碎。洗净欧芹并沥干水分，切碎。

3.去掉串红番茄的梗，洗净，将其切成薄片。把番茄醋倒在一个圆盘底部，其上放置串红番茄薄片，撒上洋葱碎和少许欧芹碎，用盐之花海盐调味。

注1：串红番茄，为番茄品种之一，果型为圆球型，西餐烹饪常用番茄品种。

芥末醋汁洋蓟沙拉

Artichauts vinaigrette

烹饪时间:20分钟

材料:

10棵洋蓟 / 1个黄柠檬
400毫升酸辣调味汁: 40克莫城芥末酱(Moutarde de Meaux) / 60毫升雪莉酒醋 / ½束莳萝 / ½束龙蒿
1束细叶芹 / 80毫升核桃油 / 250毫升葵花籽油 / 盐和黑胡椒粉

材料:

1.处理洋蓟。轻击洋蓟的尾部但不要把它击碎,旋转洋蓟同时继续轻击,直到尾部脱落且纤维连接着洋蓟底端。摘下那些大的叶片,边旋转洋蓟边用削皮刀最大限度地切去叶片。将洋蓟放入加入柠檬汁的沸水中煮,戳一下洋蓟的芯来检查是否煮熟,之后沥干水分,晾置。

2.准备酸辣调味汁。将莳萝、龙蒿、细叶芹洗净,切碎。与芥末酱、雪莉酒醋、核桃油、橄榄油混合,并用盐和黑胡椒粉调味。

3.用挖球勺挖去洋蓟花苞底部的绒毛。两种方式:"打开"洋蓟的叶子,让它附着在洋蓟的芯上,另附酸辣调味汁食用;或者去除洋蓟的叶子,原样奉上,浇上酸辣调味汁。

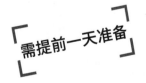
需提前一天准备

蒜香巴黎蘑菇

Champignons de Paris à l'ail et au vinaigre

烹饪时间:10分钟

材料:

1.5公斤蘑菇(纽扣状品种) / 4瓣大蒜 / 1小段迷迭香 / 2片月桂叶 / 300毫升橄榄油 120毫升雪莉酒醋 / 盐和黑胡椒粉

做法:

1.在橄榄油与雪莉酒醋的混合物中加入迷迭香、月桂叶、大蒜、盐和黑胡椒粉,煮至沸腾。

2.向锅中加入清洗并沥干水分的蘑菇,再次加热至沸腾。

3.煮好后捞出装盘,在室温下晾置。

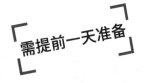

需提前一天准备

47

酸辣酱汁韭葱

Poireaux ravigote

烹饪时间：15分钟

材料：

2公斤韭葱 / 50克榛子碎

400毫升酸辣酱汁：40克莫城芥末酱(Moutard de Meaux) / 60毫升雪莉酒醋

½束莳萝 / ½束龙蒿 / 1束细叶芹 / 80毫升核桃油 / 250毫升葵花籽油 / 盐和黑胡椒粉

做法：

1.整理并清洗韭葱，留下葱白部分备用。

2.将葱白部分扎成一捆，放入加了盐的沸水中煮15分钟，之后沥干水分，放置在干净的布上，第二天再放入冰箱保存。食用前切成约6厘米长的葱段。

3.制作酸辣酱汁。把莳萝、龙蒿、细叶芹洗净后切碎，与芥末酱、雪莉酒醋和葵花籽油混合，用盐和黑胡椒粉调味。

4.将葱段放在盘子上，浇上酸辣酱汁，撒上榛子碎。

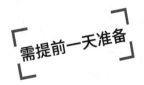
需提前一天准备

美味 骨髓

Os à moelle sel de noirmoutier

烹饪时间:15分钟

材料:

4.5公斤切断的骨髓
20克黑胡椒碎
75克盐之花海盐
3~4颗干丁香花蕾[1] / 2根胡萝卜
1个洋葱 / 2片月桂叶 / 1枝百里香

做法:

在沸水中放入骨髓、月桂叶、百里香、胡萝卜块、洋葱块、干丁香花蕾,撒入少许黑胡椒碎和盐之花海盐,依据骨髓大小不同约煮15分钟。煮好后,将骨髓沥干水分,放入盘中,撒上剩余的黑胡椒碎和海盐。可搭配乡村面包享用。

如果已提前准备好,食用前只需将骨髓放在烤箱的烤架上加热即可。

注1:丁香,常用香辛料,烹调中取其干燥花蕾做调味品。味道浓郁,尝之有刺舌、麻舌感。

牛肉粉丝汤

Bouillon de boeuf aux vermicelles

烹饪时间:15分钟

材料:

3升牛肉汤 / 2根胡萝卜(300克) / ½棵根芹(300克) / ½根葱白(150克) / 150克粉丝 / 黄油 / 盐

做法:

1.锅中用少许黄油煎胡萝卜和根芹(去皮,切块),但不要煎到上色(约煎3~4分钟),然后加入切碎的葱白。

2.将煎好的食材用牛肉汤浸泡并煮沸。出锅前放入粉丝,煮熟即可。如有需要可以用盐调味。

鲱鱼酱

Rillettes de hareng

烹饪时间:15分钟

材料:

500克烟熏鲱鱼 / 200克原味黄油 / 200毫升30%脂肪含量的液体奶油 / ½束莳萝

做法:

1.在锅中将奶油加热至沸腾,加入切成块的鲱鱼,文火焖炖约10分钟。

2.将鲱鱼块倒入搅拌机中,加入切成片的黄油,低速搅拌。

3.在搅拌好的鲱鱼酱上撒上切碎的莳萝,放入砂锅中,再放入冰箱冷藏一夜。佐烤面包享用。

需提前一天准备

三文鱼酱

Rillettes de saumon

烹饪时间：15分钟

材料：

750克新鲜三文鱼
150克原味黄油
150毫升30%脂肪含量的液体奶油
1小棵香葱

做法：

1.锅中加热奶油，随后放入切成大块的三文鱼，文火焖10分钟。

2.将鱼肉放入搅拌机内，加入切成片的黄油，低速搅拌。

3.将鱼肉酱倒在小盘内，撒上切碎的香葱，放入冰箱冷藏一夜。佐烤面包享用。

需提前一天准备

腌鲱鱼

pommes Harengs à l'huile

烹饪时间：35分钟

材料：

600克鲱鱼肉 / 500毫升葡萄籽油 / 20克小胡椒 / 150克白洋葱 / 300克胡萝卜 / 3片月桂叶 / 2段百里香 / ½束欧芹 / 300克小土豆 / 50毫升干白葡萄酒 / 5颗小浆果/盐

做法：

1.提前一天将葡萄籽油、碾碎的小胡椒、1段百里香和2片月桂叶混合浸泡。胡萝卜、白洋葱去皮，切薄片。将鲱鱼肉放入混合油中，放入冰箱冷藏腌制。

2.第二天，洗净小土豆，放入加盐的冷水里煮20~30分钟至沸腾，沥干土豆水分后，在室温下晾置（不要用冷水使其降温），去皮并切成大块。

3.在锅中加热干白葡萄酒、1段百里香、1片月桂叶及小浆果，倒在土豆块上，静置30分钟使酱汁充分浸入。

4.将土豆铺在烤盘内，倒入腌制鲱鱼的油和洋葱片、胡萝卜片，放入预热至100℃的烤箱内加热10分钟。取出后摆盘，放入腌制好的鲱鱼，撒上欧芹碎。

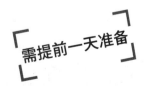

需提前一天准备

俄式火腿

Jambon à la russe

烹饪时间：30分钟

材料：

10片火腿

俄式色拉：500克土豆 / 350克胡萝卜 / 250克新鲜青豆 / 300克小西葫芦 / 14克盐 / 3克黑胡椒粉

150克蛋黄酱：1个蛋黄 / 1咖啡匙第戎芥末酱(Dijon mustard) / 120毫升葵花籽油 / 1咖啡匙红酒醋

做法：

1.首先制作蛋黄酱。在蛋黄中加入芥末酱和葵花籽油，打发使其乳化。

2.加热红酒醋，温热即可，撒入盐和黑胡椒粉，搅拌使其溶解，再倒入蛋黄酱中持续打发。

3.制作俄式色拉。土豆和胡萝卜去皮，分别放在两口锅里煮：土豆煮30分钟，胡萝卜煮15分钟。沥干水分，切块。

4.在咸开水中快速焯青豆1分钟，再放入冰水中过凉，切丁。洗净小西葫芦，切掉两端后再切片。

5.将土豆块、胡萝卜块、青豆丁、西葫芦片混合，用少许盐和黑胡椒粉调味，再与蛋黄酱混合。

6.在每片火腿上铺上两汤匙俄式色拉，卷成卷。

蟹肉浓汤配印度风味香料

Bisque de crabe au kari gosse

烹饪时间：1小时10分钟

材料：

1只黄道蟹 / 50毫升橄榄油 / 30克番茄酱 / ½根胡萝卜 / 1个白洋葱 / 50毫升白兰地 / 1.25升水
250毫升液体奶油 / 盐 / 2克或1撮印度混合咖喱香料[1]
50克白酱：25克黄油 / 25克面粉

做法：

1.将螃蟹掰成两半，将蟹壳用橄榄油和番茄酱煎5分钟。关火后用杵轻敲蟹壳。

2.煎锅重新加热，浇入白兰地火烧，然后加水没过蟹壳，煮1小时至微微沸腾，用小漏勺过滤，乳化，检查黏稠度，有必要的话加入白酱使其变浓稠。

3.用细盐为汤调味，最后加入少许印度混合咖喱香料。

*制作白酱：将黄油融化，一次性加入面粉。用抹刀或打蛋器充分搅拌，并在文火上炒2~3分钟，不要使其上色，倒入1大勺煮蟹汤后搅拌。最后把白酱全部倒入煮蟹汤内搅拌，使其变浓稠。

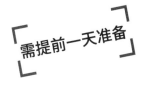

注1：可购买瓶装印度混合咖喱调味，也可自行调配你喜欢的各种香料。

山羊奶酪
豌豆冷汤

rafraîchi de Petits Pois chèvre frais

烹饪时间：15分钟

材料：

1个小洋葱
500克豌豆
20克黄油
500毫升奶油
500毫升全脂牛奶 / 细盐
400克新鲜山羊奶酪

做法：

1.将洋葱切碎。用黄油煎洋葱，直到有水分析出，倒入豌豆，盖上锅盖文火焖10分钟。

2.锅中倒入牛奶和奶油的混合物，加热至沸腾。

3.将混合物倒入搅拌机中搅打，之后倒入碗中，用盐调味。在室温下晾置，然后放入冰箱保存。

4.在冷汤上放1汤匙山羊奶酪，冷食。

10人份
食谱

主菜

勃艮第牛肉佐小贝壳面

Bourguignon De Palerolv De Boeuf, coquillettes

烹饪时间：4~5小时

材料：

牛肩肉和牛颈肉（约2公斤）/ 1升口味醇厚的红葡萄酒
1只劈开的牛蹄 / 1个红洋葱 / 300克胡萝卜 / 3瓣带皮大蒜 / 2束百里香 / 1束迷迭香 / 2片月桂叶
4颗杜松子果 / 3颗干丁香花蕾 / 少许面粉 / 10克70%可可含量的巧克力 / 250克小洋葱 / 30克白砂糖
30克黄油 / 1汤匙玉米淀粉 / 250克小口蘑 / 250克腌熏肉 / 700克小贝壳形意大利面 / 盐和黑胡椒粉

做法：

1.提前一天用红葡萄酒和混合香草等食材（大蒜、百里香、迷迭香、月桂叶、杜松子果、干丁香花蕾）腌泡切成块的牛肩肉和牛颈肉，随后放入冰箱保存。

2.第二天，在一口大号铸铁锅内用黄油煎洋葱块和胡萝卜块，呈焦糖色即可。放入腌泡好的牛肉，撒上少许面粉，煎至轻微上色，然后倒入腌泡汁一起炖。

3.向锅中加入牛蹄，炖3~4个小时且保持轻微沸腾。要控制好火候：肉要炖至柔软。

4.炖好后取出牛肉块，用滤网过滤炖肉汤汁。把过滤好的汤汁重新倒入锅内，调小火，用盐和黑

胡椒粉调味，必要的话用水淀粉调节浓稠度。放入巧克力，然后结束烹饪。

5.将腌熏肉切成大肉丁，和小口蘑快速炒一下。

6.将小洋葱去皮切块，在浓厚的水、黄油、白砂糖的混合物中煨一下直到液体蒸发，随后在剩下的焦糖色汁液中翻炒一下洋葱块。

7.另取锅，在沸腾的盐水中煮熟小贝壳面，沥干水分后放入少许黄油。

8.将牛肉块重新放入酱汁中炖，随后加入口蘑、洋葱块和肉丁的混合物再炖一会儿。伴以小贝壳面享用。

需提前一天准备

酸辣酱汁小牛头肉佐香草土豆泥

ravigote Croustillant de tête de veau

烹饪时间:40分钟

材料:

1.5公斤小牛头肉 / 面粉 / 5个蛋白 / 200克面包屑 / 150克苦苣 / 1棵香葱 / ½束欧芹 / 澄清黄油[1]

450毫升酸辣酱汁: 25克莫城芥末酱(Moutarde de Meaux) / 40毫升雪莉酒醋
¼束莳萝 / ¼束龙蒿 / ½束细叶芹 / 50毫升核桃油 / 150毫升葵花籽油 / 盐和黑胡椒粉

2公斤香草土豆泥: 1.5公斤土豆 / 150毫升全脂牛奶 / 250毫升30%脂肪含量的奶油 / 60克原味黄油
18克盐之花海盐 / 1束欧芹 / 1束香葱

做法:

1.首先制作酸辣酱汁。把莳萝、龙蒿、细叶芹洗净、切碎,与莫城芥末酱、雪莉酒醋、核桃油、少许盐、黑胡椒粉混合搅拌。

2.制作土豆泥。洗净土豆,带皮放在冷水里煮30分钟,沥干水分,待其变温热时去皮。用搅拌器打碎土豆块,加入热牛奶、奶油、黄油。之后用盐之花海盐调味,撒上洗净并切碎的欧芹和香葱作为装饰。

3.将小牛头肉分别切成2厘米长条。英式裹面包屑:将牛肉条放置在过筛后的面粉中滚一下,裹均匀,轻拍掉多余的面粉,再将牛肉条放入蛋白液中,必要时加入盐和橄榄油调味,然后裹上面包屑。

4.将肉条在澄清黄油中每面煎2分钟。摆盘时,在其上和周围淋上酸辣酱汁,旁边放置香草土豆泥。可以佐苦苣沙拉享用。

注1:澄清黄油:将黄油进行熬煮,让黄油中的水分蒸发,牛奶固体凝结沉淀,最后提炼出来的纯油脂即为澄清黄油。

莫尔托香肠蜜饯番茄佐酱汁

Morteau tomates confites au jus

烹饪时间：1小时45分钟

材料：

3根莫尔托香肠(Saucisse de Morteau)[1] / 1个白洋葱，上面插上2颗干丁香花蕾 / 5颗杜松子果 / 2段百里香 / 2片月桂叶 / 15颗黑胡椒 / 灰盐(Sel Gris)[2] / 3.45公斤番茄 / 橄榄油 / 细盐 / 糖粉 / ½束欧芹
300毫升鸡肉酱汁：1公斤鸡翅 / 1根胡萝卜 / ½个洋葱 / 3瓣大蒜 / 1段百里香 / 1片月桂叶 / 盐和黑胡椒粉
40克棕酱：20克黄油 / 20克面粉

做法：

1.制作鸡肉酱汁。将鸡翅、胡萝卜、洋葱(去皮对半切)一起放入烤盘内，在预热至220℃的烤箱内烤30~40分钟直至上色。上色后取出放入锅中，倒入水没过鸡翅和配菜，放入大蒜、百里香、月桂叶，炖3个小时保持轻微沸腾并入味。烹饪结束后用筛子过筛，再炖约40分钟使其收汁到三分之二，必要的话用盐和棕酱调味，以及调节浓稠度。

2.冷水中放入3根香肠、插上干丁香花蕾的洋葱、杜松子果、百里香、月桂叶、灰盐、黑胡椒，煮10分钟至轻微沸腾。沥干香肠水分，切厚片。番茄洗净，横切两半，用橄榄油煎5~8分钟，切片后放在烤盘上，用细盐和糖粉调味，放入预热至140℃的烤箱中烤10分钟。将香肠片每面煎5分钟。

3.摆盘：在番茄片上淋上少许橄榄油，在香肠片上淋上鸡肉酱汁，撒上欧芹碎。

*制作棕酱：融化黄油，加入面粉搅拌，用文火炒2~3分钟，倒入少许鸡肉酱汁并搅拌，再将所有混合物倒回到鸡肉酱汁里搅拌几分钟待其变浓稠。

需提前一天准备

注1：莫尔托香肠，法国勃艮第—弗朗升—孔泰地区的特产，已有超过五百年的制作历史。可用熏肉肠代替。

注2：灰盐，通过"滩晒法"制作工艺制成。口感充满矿物气味，适合烹饪肉类和烧烤。

传统风味炖小牛肉烩饭

tradition Blanquette de veau

烹饪时间：2小时20分钟

材料：

2公斤小牛肉，切片 (可选牛肩肉、牛排骨、牛胸肉)

1个白洋葱，插上2颗干丁香花蕾 / 300克胡萝卜 / 1束百里香 / 2片月桂叶 / 30%脂肪含量的奶油 / 250
克小洋葱 / 30克白砂糖 / 100克黄油 / 500克小口蘑 / 200克洋葱 / 800克长粒米 / 盐和黑胡椒粉

140克白酱：70克黄油 / 70克面粉

做法：

1.锅里加冷水没过牛肉块，放入插着干丁香花蕾的白洋葱、胡萝卜、百里香，煮1.5~2小时且保持轻
微沸腾。

2.取出牛肉和配菜，炖牛肉的汤汁放置一旁备用。将小口蘑洗净，将其在少许炖肉汤汁中焯2~3分
钟。小洋葱去皮，放入平底锅中。在平底锅中加入少许黄油、面粉以及没过小洋葱的冷水，盖上锅盖
加热，焖10分钟，然后取下锅盖再煨10分钟，直至液体蒸发。可以用刀尖戳取牛肉来检验烹饪的程
度。将胡萝卜斜切。

3.制作白酱。将黄油融化，加入面粉搅拌，文火加热2~3分钟，持续搅拌以防上色。在酱料中倒入一大
勺炖肉汤汁并搅拌，将其再倒回炖肉汤汁中搅拌，使其变浓厚，加热至轻微沸腾，且呈奶油状。最后
放入牛肉和配菜 (洋葱、蘑菇和胡萝卜)，再炖10~15分钟。

4.做杂烩饭。将200克洋葱切块，用少许黄油煎一下，不用煎上色。加入长粒米再煎一会儿，加入米量
一倍半的液体混合物 (水+牛肉汤+香草)。盖上锅盖，文火焖15分钟直至汤汁蒸发。盛出米饭，放上
炖牛肉，佐米饭食用。

猪颊肉汤炖香肠配羽衣甘蓝

Bouillon morteau, chou vert

烹饪时间：1小时30分钟

材料：

2公斤猪颊肉 / 2根莫尔托香肠 / 1棵羽衣甘蓝 / 1公斤胡萝卜 / 1个白洋葱, 插上2颗干丁香花蕾 / 500克葱白 / 2束百里香和2片月桂叶 / 15粒黑胡椒 / 5颗杜松子果 / 灰盐 (Sel Gris)

做法：

1.猪颊肉切块, 将油脂的部分用刀剔除。在冷水中放入猪颊肉和2根莫尔托香肠以及插上干丁香花蕾的洋葱、百里香、月桂叶、灰盐、杜松子果、黑胡椒, 炖10分钟至沸腾。取出猪颊肉和香肠。

2.整理和洗净葱白, 切段。胡萝卜去皮并斜切。洗净羽衣甘蓝。

3.将胡萝卜块在猪肉汤中焯5分钟, 之后放入葱白段和羽衣甘蓝叶, 随后用漏勺捞出蔬菜。

4.将猪颊肉放回汤中再炖1小时左右。用刀尖来检查肉的成熟度, 猪颊肉应炖至软嫩。

5.将香肠切厚片, 和蔬菜一起放入汤中。所有食材稍许加热即可食用。

82

巴斯克血肠佐土豆泥

Boudin basque purée

烹饪时间：30分钟

材料：

2盒800克装巴斯克血肠（罐头）[1] / 150毫升橄榄油 / 5克辣椒酱 / 400克新鲜辣椒
2公斤土豆泥：2.5公斤土豆 / 250毫升全脂牛奶 / 500毫升30%脂肪含量的奶油
125克原味黄油 / 36克盐之花海盐

做法：

1.制作土豆泥。洗净土豆，带皮煮30分钟，沥干水分，待变温后去皮。搅拌器中放入土豆、热牛奶、黄油切片，搅打成泥，用盐之花海盐调味。

2.将猪血肠罐头放入冰箱冷冻1小时使其凝固，之后打开，将血肠切成厚段。

3.清洗并擦干新鲜辣椒，淋上少许橄榄油，烘烤10分钟。

4.在不粘锅内煎血肠段，每面煎5分钟至松脆。伴以辣椒酱、橄榄油、土豆泥和烤辣椒享用。

注1：巴斯克血肠，西班牙巴斯克地区特产。

开心果腊肠扁豆配酸辣酱汁

Saucisson pistaché ravigote aux herbes

烹饪时间：30分钟

材料：

2根约600克的开心果腊肠（可用其他腊肠代替）/ 800克扁豆

2根胡萝卜 / 1个洋葱，插上2颗干丁香花蕾 / 2段百里香 / 4片月桂叶 / 15粒黑胡椒 / 1束欧芹

500毫升酸辣酱汁：50克（或1汤匙）莫城芥末酱 / 80毫升雪莉酒醋 / ½束莳萝 / ½束龙蒿 / 1束香芹叶

100毫升核桃油 / 300毫升葵花籽油

做法：

1.制作酸辣酱汁。将莳萝、龙蒿、香芹叶洗净，切碎。与芥末酱、雪莉酒醋、核桃油、葵花籽油混合调味。

2.提前一天将扁豆放在冷水中浸泡，放入冰箱冷藏。

3.第二天，把扁豆和百里香、月桂叶、欧芹及插着干丁香花蕾的洋葱放入冷水中煮20分钟。煮好后沥干水分，取出混合香草。

4.将2根腊肠放入冷水中煮10分钟至轻微沸腾。加入2根胡萝卜和刚才取出的混合香草，撒上黑胡椒粒。

5.从汤中取出腊肠，切厚段。胡萝卜切片。

6.盘中放入胡萝卜片，码放好扁豆，将腊肠放置于扁豆上，浇上酸辣酱汁，撒上欧芹碎。

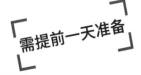
需提前一天准备

大蒜迷迭香烤排骨

Travers de cochon
ail et romarin fèves à la tomate

烹饪时间：4小时

材料：

3.5公斤猪排骨 / 30克灰盐 (Sel Gris) / 8克小胡椒 / 1束迷迭香 / 60克大蒜 (约9瓣) / 320克黄洋葱 / 葵花籽油

番茄蚕豆：1公斤洋葱 / 2公斤番茄 / 150毫升橄榄油 / 1.2公斤去皮蚕豆 / 盐和黑胡椒粉

做法：

1.制作番茄蚕豆。洋葱去皮，切薄片。锅中倒入橄榄油，煎洋葱5分钟，不要煎上色，直到洋葱呈半透明状。加入洗净后粗略碾碎的番茄，用文火煨40分钟直到呈现浓厚状，最后加入蚕豆，用盐和黑胡椒粉调味。

2.将排骨薄薄地抹上葵花籽油，用灰盐和碾碎的小胡椒调味。将排骨放在烤盘上，在排骨上放上去皮切成两半的黄洋葱、大蒜和迷迭香，放入烤箱中烤20分钟使其上色。接着将烤箱温度调至140℃，直到排骨内部温度达到72℃（用烹饪探针测量），继续烤3小时。

3.烤好后取出排骨，每份切成2或3段。取出黄洋葱和迷迭香，碾碎大蒜瓣后将大蒜去皮，需要时可以将大蒜放在汤汁或蚕豆里调味。

4.将烤盘放在火上加热，并加入少许水融化掉汁液。将排骨佐以少许烹饪酱汁享用，番茄蚕豆单独盛盘搭配。

酱汁烤牛肉佐咸土豆泡芙

Rosbif pommes dauphine

烹饪时间：1小时15分钟

材料：

1.8公斤牛肉 / 20克灰盐（Sel Gris）/ 5克小胡椒 / 2段百里香 / 20克大蒜（3瓣）/ 320克黄洋葱（2个）
葵花籽油 / 黄油
土豆泡芙： 1公斤土豆 / 粗盐 / 细盐
500克泡芙面团： 250毫升水 / 2克盐 / 3克白砂糖 / 100克黄油 / 150克面粉 / 4个鸡蛋

材料：

1.制作土豆泡芙。清洗土豆，在烤盘上撒上一层粗盐和细盐的混合盐，将土豆带皮放在盐床上，放入预热至175℃的烤箱中烤制40分钟。

2.制作泡芙面团。锅中倒水，加入盐、白砂糖和黄油，煮至沸腾。将锅远离火源，细细地倒入面粉，再放回火上并用力搅拌使其融合干燥，然后依次加入打碎的鸡蛋。

3.土豆烤熟之后去皮，用搅拌器碾碎土豆，与泡芙面团混合。用勺子做出泡芙造型，直接放入热油中煎7~8分钟（油温为180℃），直到呈现金黄色。用吸油纸吸油，用盐调味。

4.给牛肉抹上少许葵花籽油，用灰盐和小胡椒调味。将牛肉放在烤盘上，放入切成两半的去皮洋葱、大蒜和百里香，然后放入烤箱中烤制20分钟使其上色，翻面使每面烤制均匀。稍后将温度调至140℃并放入黄油，直到牛肉内部温度达到55℃（可以用烹饪探针测量，大约需要40分钟）。

5.烤好后取出牛肉并切片，同时将烤盘放在火上加热以化掉酱汁。将烤牛肉佐以酱汁和土豆泡芙享用。

蔬菜牛肉锅

Pot-au-feu de paleron de bœuf

烹饪时间:4小时20分钟

材料:

1块牛肩肉(约2公斤) / 1个白洋葱,上面插2颗干丁香花蕾 / 50克姜片 / 2段百里香
2片月桂叶 / 15粒黑胡椒 / 30克灰盐(Sel Gris) / 1棵羽衣甘蓝 / 500克葱白 / 600克芜菁(大头菜)
500克胡萝卜 / 500克土豆

做法:

1.先剔除牛肩肉脂肪的部分,然后将牛肉放入锅中,倒入冷水,放入插着干丁香花蕾的洋葱、姜片、百里香、月桂叶、灰盐、黑胡椒粒,炖至微微沸腾,约炖4小时。之后用刀尖来测量肉的成熟度,牛肉应该炖到软嫩。炖熟后从汤中捞出牛肉。

2.葱白洗净,切段。芜菁洗净,去皮,切4块。胡萝卜去皮。土豆洗净,去皮。羽衣甘蓝洗净,切段。

3.把胡萝卜、土豆、芜菁和羽衣甘蓝放在汤中炖20分钟,10分钟后放入葱白段。

4.将牛肩肉切厚片,与蔬菜一起装盘,佐汤汁享用。

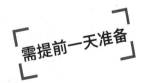

需提前一天准备

红酒醋烤鸡

Poulet au vinaigre et aux oignons

烹饪时间：40分钟

材料：

2只农场鸡（每只约2公斤）/ 食用油 / 30克灰盐（Sel Gris）/ 黑胡椒粉

2段百里香 / 2片月桂叶 / 30克大蒜（4瓣）/ 800克黄洋葱（5个）/ 40毫升红酒醋

做法：

1.洋葱去外皮（保留第二层外皮），切成两半。

2.给鸡身抹上少许食用油，用灰盐和黑胡椒粉调味，每只鸡身内放入1段百里香、1片月桂叶和2瓣带皮大蒜。

3.将黄洋葱铺在烤盘上，将鸡肉放在洋葱上，放入预热至200℃的烤箱中烤40分钟（用刀尖插入鸡腿油脂的部分掌控成熟度）。

4.从烤箱中取出烤盘，在案板上将鸡肉切块（保留鸡架，用于熬鸡汤）。

5.在烤盘上倒入少许冷水和红酒醋，放在火上烤一下化掉酱汁。

6.将鸡肉块和烤洋葱交替摆盘，淋上红酒醋酱汁。

酱汁羊腿肉佐普罗旺斯番茄

Gigot d'agneau

烹饪时间：1小时50分钟

材料：

1只3公斤左右的带骨羊腿 / 20克灰盐 (Sel Gris)

5克黑胡椒粉 / 2段百里香 / 20克大蒜 (3瓣) / 320克黄洋葱 (2个) / 葵花籽油 / 黄油

普罗旺斯番茄：3.5公斤番茄 (最好用串红番茄) / 橄榄油 / 盐 / 糖粉

160克面包屑 / 50毫升橄榄油 / 1束欧芹 / ½束鼠尾草 / ½束百里香

做法：

1.制作普罗旺斯番茄。洗净番茄，每个横切成2块，切面朝下，在平底锅中用橄榄油煎5~8分钟。将番茄放入烤盘，用盐和糖粉调味，放入预热至140℃的烤箱中烤10分钟。

2.将面包屑在少许橄榄油中煎至金黄色，撒入盐，再放入切碎的欧芹、鼠尾草、百里香。番茄烤好后，在半个番茄上撒上面包屑与香草的混合物。上菜前，放入烤箱中层烤架烤制10分钟左右，淋上橄榄油即可食用。

3.用葵花籽油轻轻涂抹羊腿肉，撒上灰盐和黑胡椒粉。将羊腿肉与去皮切成两半的黄洋葱、大蒜和百里香一起放入烤箱中烤20分钟至上色，翻面。将烤箱调至140℃，抹上黄油，直到内部温度达到52℃ (用烹饪探针测量)，烤制时间一共1个小时。最后取出羊腿肉，切片。

4.烤盘中加少许水，放在火上融化酱汁。将羊肉片摆盘，淋上酱汁，佐普罗旺斯番茄享用。

羊胸肉佐柠檬黄油韭葱

Ris d'agneau

烹饪时间:40分钟

材料:

1.4公斤羊胸肉 / 1个洋葱 / 2段百里香 / 2片月桂叶 / 2公斤大葱 / 70毫升葵花籽油 / 75克黄油 / 盐和黑胡椒粉

300毫升柠檬黄油:65克小洋葱(1个) / 50毫升麝香型干白葡萄酒 / 100毫升柠檬挤汁 / 250克黄油

200毫升鸡肉棕色酱汁:750克鸡翅 / ½根胡萝卜 / ½个小洋葱 / 2瓣大蒜 / 1段百里香 / 1片月桂叶 盐和黑胡椒粉

30克棕酱:15克黄油 / 15克面粉

做法:

1.洗净大葱,切掉葱绿部分,将葱白部分捆起来放在盐水中煮15分钟,沥干水分后放置在干净的厨房布上,待第二天使用。

2.制作柠檬黄油。将干白葡萄酒与柠檬汁以及切碎的小洋葱一起放入平底锅中炒制。将黄油切片,用搅拌器或打蛋器打发,然后与炒好的食材一起混合均匀。

3.准备鸡肉棕色酱汁。将鸡翅与洗净去皮、切成大块的胡萝卜以及部分去皮、切成两半的小洋葱放在烤盘上,放入预热至220℃的烤箱中烤至上色(烤20分钟),取出后去除多余的油脂。

4.锅中加水没过鸡翅,随后加入大蒜、百里香、月桂叶,炖3个小时至轻微沸腾。将汤汁过滤到剩余三分之二的量,加入棕酱*调味,并调整浓稠度。

5.用放有洋葱、百里香和月桂叶的盐水焯5分钟羊胸肉,沥干水分后放入冷水中冰镇。

6.将羊胸肉去皮,在平底锅中放入葵花籽油和黄油,煎一下裹上少许面粉的羊胸肉,用盐和黑胡椒粉调味。在蒸锅中加热葱白段。

7.装盘时用柠檬黄油打底,配以鸡肉酱汁、葱白段和煎好的羊胸肉。

*制作棕酱:在锅中将黄油融化,倒入面粉,文火炒2~3分钟,同时搅拌。倒入2汤匙鸡肉棕色酱汁并搅拌。将制作好的棕酱全部倒回鸡肉棕色酱汁中搅拌,待其变浓稠。

需提前一天准备

96

酱汁小牛肝

Foie de veau jus persillade

烹饪时间：3小时40分钟

材料：

10片各180~200克的小牛肝 / 75毫升葵花籽油 / 75克黄油 / 盐和黑胡椒粉

300毫升鸡肉棕色酱汁：1公斤鸡翅 / 1根胡萝卜 / 1个洋葱 / 3瓣大蒜 / 1段百里香 / 1片月桂叶 / 盐和黑胡椒粉

40克棕酱：20克黄油 / 20克面粉

土豆泥：1.5公斤土豆 / 150毫升全脂牛奶 / 250毫升30%脂肪含量的奶油 / 60克原味黄油 / 18克盐之花海盐

200克香草黄油：140克黄油 / ½束扁欧芹 / ½束小葱 / 1段龙蒿 / 1瓣大蒜 / 盐和黑胡椒粉

做法：

1.制作鸡肉棕色酱汁。将鸡翅与洗净去皮、切成大块的胡萝卜以及部分去皮、切成两半的洋葱放在烤盘上，放入预热至220℃的烤箱中烤至上色（20分钟）。将鸡翅去除多余的油脂后放入水中，加入大蒜和百里香、月桂叶，炖3个小时至轻微沸腾。用过滤器过滤到剩余三分之二的量，加入盐和黑胡椒粉调味，并加入棕酱*调节浓稠度。

2.制作土豆泥。洗净土豆，带皮放入冷水中煮30分钟。沥干水分，待变温后去皮。将土豆放入搅拌器中，加入热牛奶、奶油、黄油搅拌，用盐之花海盐调味。

3.制作香草黄油。将欧芹、小葱、龙蒿洗净，放入搅拌器，再放入黄油和压碎的大蒜，混合搅拌，用盐和黑胡椒粉调味。

4.用油（葵花籽油+黄油）两面煎小牛肝使其上色（玫瑰色），用盐和黑胡椒粉调味。撇去表面的油脂，用鸡肉酱汁融化锅底的焦糖浆，加入少许香草黄油使其成酱汁，其上放置小牛肝切片。

*制作棕酱：锅中将黄油融化，放入面粉，文火炒2~3分钟，同时搅拌。倒入1汤匙鸡肉棕色酱汁并搅拌，再将制作好的棕酱全部倒回鸡肉酱汁中搅拌，待其变浓稠。

法式朗德沙拉

Landaise la grande salade

烹饪时间：20分钟

材料：

300克混合蔬菜沙拉 / 350克樱桃西红柿 / 400克新鲜四季豆 / 200克烟熏鸭胸肉 / 400克鸭肝
400克烟熏猪胸肉 / 1把芦笋 / 500克焖鸭胗冻 / 1公斤焖鸭翅冻 / 100克松子
200毫升油醋汁：20毫升意大利香脂醋 / 10毫升雪莉酒醋
10毫升红酒醋/ 100毫升葵花籽油 / 50毫升橄榄油 / 1汤匙核桃油 / 盐和黑胡椒粉

做法：

1.制作油醋汁。将三种醋混合，再放入盐和黑胡椒粉，搅拌使其溶解。再加入三种油的混合物，使其乳化。

2.将芦笋和四季豆放入热水中焯5分钟，捞出后放入冰水中冰镇。将烟熏猪胸肉切成大块的肉丁，放入锅中煎2分钟，随后放入鸭胗冻煎熟。

3.将松子放在烤盘上，放入预热至170℃的烤箱中烤制15分钟。

4.取出鸭翅冻，将油脂部分留作他用（例如炒土豆），然后放入预热至180℃的烤箱中烤制15分钟左右。与混合蔬菜沙拉、四季豆、芦笋混合，浇上油醋汁调味，再放入鸭胗和猪胸肉丁。

5.将鸭翅和切片的烟熏鸭胸肉以及鸭肝碎装盘，撒上切半的樱桃西红柿和烤松子。

奶油鳕鱼酪

Brandade de morue

烹饪时间：50分钟

材料：

1.5公斤鳕鱼脊肉或鱼肚肉或鱼尾肉(去皮) / 1个白洋葱(200克)
2片月桂叶 / 1段新鲜百里香 / 150毫升橄榄油 / 黑胡椒粉 / 10瓣大蒜(70克) / 杏仁片 / ½束欧芹
土豆泥：800克土豆 / 80毫升全脂牛奶 / 150毫升30%脂肪含量的奶油 / 50克原味黄油 / 10克盐之花海盐

做法：

1.制作土豆泥。清洗土豆，带皮放入冷水中煮30分钟，沥干水分，待变温后去皮。用打蛋器打碎土豆，与热牛奶、奶油、黄油切片搅拌，用盐之花海盐调味。

2.在没过带皮大蒜的橄榄油中(约80℃)煎大蒜20分钟，用刀尖测验成熟度。煎好后取出大蒜，用刀片压扁，去皮。

3.将鳕鱼与切成两半的洋葱、百里香、月桂叶一起煮，之后沥干水分，当鱼肉还是温热的时候用搅拌器打碎，并加入浸泡过的大蒜和橄榄油。随后在搅拌器中加入土豆泥搅拌，用黑胡椒粉调味(如果使用咸鳕鱼的话，需至少提前24小时泡水去盐，需换3次水)。

4.将准备好的食材放入烤盘，撒上杏仁片，放入中等热度的烤箱中烤20分钟，取出后撒上切碎的欧芹。

南特黄油鳕鱼

Cabillaud au beurre nantais

烹饪时间:20分钟

材料:

1.85公斤带皮鳕鱼 / 1个洋葱,切两半 / 1根胡萝卜,切两半 / 大葱葱绿部分或1棵芹菜
10粒黑胡椒 / 1 段百里香 / 1片月桂叶 / 灰盐
南特黄油酱汁:1个小洋葱 / 200毫升麝香型干白葡萄酒
100毫升30% 脂肪含量的奶油 / 350克黄油 / 盐和黑胡椒粉

做法:

1.制作南特黄油酱汁。将小洋葱切碎,和干白葡萄酒一起煮至收汁。然后向锅中倒入奶油使其乳化,
煮至沸腾,再加入黄油,用搅拌器或打蛋器打发,用盐和黑胡椒粉调味。

2.制作法式汤底。另取锅,倒入2升水,放入洋葱、胡萝卜、大葱葱绿部分或芹菜,再放入灰盐、黑胡椒
粒、百里香、月桂叶,炖至沸腾。在汤汁变浓稠后放入鳕鱼焯8~10分钟,沥干水分。佐以南特黄油酱
汁享用。

三文鱼塔塔

Tartare de saumon

烹饪时间：15分钟

材料：

1.4公斤三文鱼肉 / 200克粗盐 / 2个小洋葱 / 1束韭菜 / 1棵香芹 / 2个红甜椒 / 2个柠檬,挤汁 / 盐/红辣椒

175克蛋黄酱：1个蛋黄 / 1咖啡匙第戎芥末酱(Dijon mustard) /150毫升葡萄籽油 / 1汤匙雪莉酒醋
盐和黑胡椒粉

做法：

1.制作蛋黄酱。在蛋黄和芥末酱的混合物中加入葡萄籽油打发至乳化。加热雪莉酒醋,加入盐和黑胡椒粉,搅拌使其溶解,然后倒在蛋黄酱上并持续打发。

2.洗净红甜椒。将红甜椒放在热烤架上烤15分钟使其上色,直到表皮略呈黑色。用冷水冲一下,去梗、去籽后切成小块。

3.用粗盐稍微腌一下三文鱼肉,放入冰箱冷藏1小时,然后用清水给三文鱼去盐,用吸油纸擦干,切成长1厘米的方块。

4.香芹洗净,去硬丝,切段。韭菜和小洋葱切碎。

5.用柠檬汁给三文鱼块调味,与蛋黄酱、小洋葱、韭菜碎、芹菜段、红甜椒混合,用盐和红辣椒调味,即刻享用。

盐渍三文鱼配核桃扁豆油醋汁

Petit salé de saumon

烹饪时间：40分钟

材料：

1.8公斤带皮三文鱼 / 200克灰盐（Sel Gris）/ 粗盐/500克扁豆 / 2根胡萝卜 / 1个白洋葱
1 段百里香 / 2片月桂叶 / 黄油
70毫升核桃油 / 40毫升红酒醋 / 140克小洋葱（2个）/ 1束小葱 / 50克核桃仁

做法：

1.提前一天在冷水中浸泡扁豆，放入冰箱冷藏。

2.第二天，在冷水中放入扁豆和百里香、月桂叶，上火煮约20分钟，沥干水分后取出两种香草。

3.用粗盐稍微腌一下三文鱼，放入冰箱冷藏约4个小时。

4.用清水将三文鱼去盐，用吸油纸擦干，切厚块。胡萝卜去皮、切块。锅内加入黄油，文火焖胡萝卜块约15分钟，保留些许胡萝卜脆脆的口感。切碎小葱和小洋葱。混合扁豆和熟胡萝卜，加入小洋葱碎和小葱碎，用灰盐调味，再倒入少许核桃油和红酒醋。

5.在平底锅内用文火煎三文鱼块20分钟，只需煎带皮的那面。摆盘时将三文鱼带皮那面朝上，放置在调味后的扁豆上，码放好胡萝卜，浇上油醋汁，撒上碾碎的核桃仁。

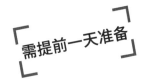
需提前一天准备

特制薯条

Frites façon bouillon

烹饪时间:5分钟

材料:

2公斤土豆 / 盐

做法:

1.土豆去皮,竖切片,厚度为5毫米。每片土豆沿长度方向切成5毫米长条。这种5×5毫米的大小可以使薯条在油温为180℃的热油锅里充分烹炸。

2.将薯条炸至金黄色,沥干油脂,倒在一个大碗里,撒上盐,略搅拌,趁热享用。

焗菜花佐奶酪白汁

gratin de Choux-fleurs mornay

烹饪时间：45分钟

材料：

菜花 / 4克细盐 / 2克黑胡椒粉

1升奶酪白汁：70克黄油 / 50克面粉 / 800毫升牛奶

80克埃曼塔尔奶酪 (Emmental)，擦丝 / 1撮豆蔻

做法：

1.制作奶酪白汁。在锅中将黄油融化，加入面粉，搅拌使其融合，中火煎5分钟，注意不要上色。

2.锅中倒入牛奶，搅拌使其不结块，煮至轻微沸腾。关火后加入埃曼塔尔奶酪丝，搅拌，之后装盘。

3.清洗菜花，切块，用盐和黑胡椒粉调味，放入提前预热至175°C的烤箱内烤制30分钟。之后在菜花上淋上奶酪白汁，放入烤箱连续烘烤10分钟即可。

蔬菜沙拉佐凤尾鱼大蒜酱汁

légumes à la croque au sel Bagna Cauda

材料：

400克小西葫芦 / 600克茴香头 / 生菜 / 1小捆手指胡萝卜
600克胡萝卜 / 10个鸡蛋 / 橄榄油 / 盐之花海盐
凤尾鱼大蒜酱汁：9瓣大蒜（60克）/ 80克黄油 / 250毫升橄榄油 / 80克油浸凤尾鱼（罐头）
160毫升全脂牛奶 / 100克陈面包 / 盐和黑胡椒粉

做法：

1.制作凤尾鱼大蒜酱汁。将材料中制作此酱汁的食材全部放入搅拌器内搅拌，至呈现细腻黏稠状。

2.将茴香头球茎的部分切成4~6块。胡萝卜去皮，各切成5~6厘米长的小段。西葫芦切成5~6厘米长的小段。鸡蛋煮熟，去壳。生菜切段。

3.将所有食材交替摆放在凤尾鱼大蒜酱汁四周，用少许橄榄油和盐之花海盐调味。

罗勒蒜泥浓汤

Soupe au pistou

烹饪时间：2小时

材料：

100克白腰豆 / 150克红腰豆 / 250克新鲜四季豆 / 1 根胡萝卜 / 2个小西葫芦
½个芜菁/ 300克根芹/ ½棵葱白 / 75毫升橄榄油 / 200克烟熏鸡胸肉 / 100克培根
4瓣大蒜 / 2段百里香 / 2片月桂叶 / 150克通心粉 / 1升鸡汤/ 盐和黑胡椒粉
罗勒蒜泥：2束新鲜罗勒 / 20克松子 / 30克康塔尔奶酪(Cantal) / 1瓣大蒜 / 100毫升橄榄油

做法：

1.提前一天分别在冷水中浸泡各种豆类,随后放入冰箱冷藏。第二天在冷水锅中加入百里香和月桂叶,分别煮熟各种豆类,之后沥干豆子水分,取出两种香草。

2.在煮沸的盐水中煮5~6分钟通心粉,煮至有嚼劲。用沸水焯一下四季豆,再放入冰水中冰一下,再切成小段。

3.制作罗勒蒜泥。洗净罗勒,然后与康塔尔奶酪碎、大蒜碎、松子、橄榄油混合。将混合物在搅拌器内打碎。

4.将烟熏鸡胸肉切丁,培根切片,在加入去皮大蒜的橄榄油中煎5分钟至出汁。再加入"硬"蔬菜:胡萝卜块、根芹块、芜菁块(去皮),煎5分钟后加入切碎的葱白和西葫芦块,倒入鸡汤,用盐和黑胡椒粉调味,再煮15分钟至沸腾。

5.摆盘前用盐给罗勒蒜泥浓汤调味,加入豆类和通心粉。

需提前一天准备

芦笋奶油米饭

Riz crémeux aux asperges

烹饪时间：20分钟

材料：

800克红米 / 1个洋葱 / 50毫升橄榄油
150毫升干白葡萄酒 / 1升+500毫升鸡汤（使用鸡翅制作）
2束芦笋 / 300克山羊干酪

做法：

1.将芦笋在盐水中焯5分钟，保留嚼劲并沥干水分，再放入冰块中冰镇。再次沥干水分，从头部尖端切5厘米，与尾部分开。

2.锅中倒入橄榄油，煎5分钟洋葱碎，放入红米，搅拌1分钟待其变为半透明色，倒入干白葡萄酒，待其收汁再倒入1升鸡汤，持续搅拌。

3.10分钟后，当米饭仍然呈奶油状时倒入盘中，保证它的厚度（6~7厘米）并待其冷却。再次用500毫升鸡汤加热红米5~7分钟，并分别加入芦笋的头部和尾部，用抹刀快速搅拌。最后加入山羊干酪碎，摆盘即可。

甜点

10人份
食谱

124

米布丁佐咸黄油焦糖

Riz au lait caramel beurre salé

烹饪时间：45分钟

材料：

100克珍珠米 / 140克糖粉 / 600毫升全脂牛奶
300毫升30%脂肪含量的液体奶油 / 1根香草荚
500毫升咸黄油焦糖汁：150克糖粉 / 150毫升30%脂肪含量的液体奶油 / 75克原味黄油 / 1克细盐

做法：

1.制作咸黄油焦糖汁。锅中放入糖粉，倒入少许水，加热使其焦糖化。将锅离开火源，在焦糖中倒入液体奶油（慢慢倒入），放回火上加热至沸腾，再加入用搅拌器搅打好的黄油和细盐。

2.另取锅，倒入全脂牛奶和液体奶油，加入糖粉后加热。将混合物与珍珠米倒入搅拌器中充分搅拌，之后再倒回锅中，盖上锅盖，文火焖煮20分钟，然后取下锅盖继续煮20分钟。

3.将香草荚中的香草籽取出，放入锅中，待布丁液晾置后，再次搅拌，然后分别倒入碗中。

4.将布丁伴以咸黄油焦糖汁享用。

香缇奶油泡芙

Choux chantilly

烹饪时间:50分钟

材料:

250毫升水 / 2克盐 / 3克白砂糖 / 100克黄油 / 150克面粉 / 4个新鲜鸡蛋
500克香缇奶油: 30%脂肪含量的液体奶油 / 50克糖霜 / 1根香草荚(取籽)

做法:

1.制作泡芙面团。锅中倒入水,加入盐、白砂糖、黄油,加热至沸腾。

2.将锅远离火源,细细地倒入面粉,再放回火上,用力搅拌使其干燥。参考标准:当面粉揉成面团状很容易与烹饪容器壁分离。然后慢慢加入搅打好的鸡蛋液。

3.将面团倒入裱花袋内,随后在铺好烘焙纸的烤盘上挤出泡芙形状或闪电泡芙形状。依据泡芙直径不同,在提前预热至170℃的烤箱内烤制大约50分钟。

4.制作香缇奶油。混合液体奶油、糖霜、香草籽,用打蛋器打发。

5.用锯齿刀或面包刀将泡芙切成两半。将一半泡芙作为"底座"摆盘,挤上香缇奶油,其上覆盖另一半泡芙"帽子"。

巧克力泡芙

Profiteroles sauce chocolat

烹饪时间:1小时10分钟

材料:

250克泡芙面团 / 125毫升水 / 1撮盐 / 1撮白砂糖

50克黄油 / 75克面粉 / 2个新鲜鸡蛋 / 800毫升香草冰淇淋

650毫升巧克力酱:330克60%可可含量的黑巧克力 / 80克原味黄油 / 240毫升水 / 50克核桃碎

做法:

1.制作泡芙面团。锅中倒入水,加入盐、白砂糖、黄油,煮沸。

2.将锅远离火源,细细地倒入面粉,再放回火上,用力搅拌使其干燥。参考标准:当面粉揉成面团状容易与烹饪容器壁分离。慢慢加入搅打好的鸡蛋液。

3.将面团倒入裱花袋内,在铺好烘焙纸的烤盘上挤出泡芙形状。将泡芙放入提前预热至170℃的烤箱中烤制约50分钟。

4.制作巧克力酱。锅中倒入水,煮至沸腾,然后倒在黑巧克力和黄油薄片的混合物上,充分搅拌,再倒入盘中,在室温下保存。

5.将泡芙切成两半。将一半泡芙作为"底座"摆盘,挤入香草冰淇淋,盖上另一半泡芙"帽子",浇上巧克力酱和核桃碎。

巧克力闪电泡芙

Éclairs au chocolat

烹饪时间:1小时10分钟

材料:

250克泡芙面团 / 125毫升水 / 1撮盐 / 1撮白砂糖

50克黄油 / 75克面粉 / 2个鸡蛋

巧克力卡仕达酱:5个蛋黄 / 115克糖粉

90克玉米淀粉 / 600毫升全脂牛奶 / 40克可可粉 / 200克熔岩巧克力蛋糕(成品)

做法:

1.制作泡芙面团。锅中倒入水,加入盐、白砂糖、黄油,煮沸。

2.将锅远离火源,细细地倒入面粉,再放回火上,用力搅拌使其干燥。参考标准:当面粉揉成面团状容易与烹饪容器壁分离。慢慢加入搅打好的鸡蛋液。

3.将面团倒入裱花袋内,在铺好烘焙纸的烤盘上挤出长条闪电泡芙形状。将闪电泡芙放入提前预热至170℃的烤箱中烤制约50分钟。

4.制作巧克力卡仕达酱。煮沸牛奶。打发蛋黄和糖粉,随后加入到玉米淀粉和可可粉的混合物中。将热牛奶倒入蛋黄混合物中,用力搅拌使其融合,然后放回火上煮至浓稠状,倒出装盘。需要的话可以使用搅拌器再搅拌一次。

5.将闪电泡芙切成两半,用裱花袋将巧克力卡仕达酱挤在泡芙中间,盖上泡芙"帽子"。

6.小火加热巧克力熔岩蛋糕使其变成浆状,将其分别覆盖在闪电泡芙上,待凝固后享用。

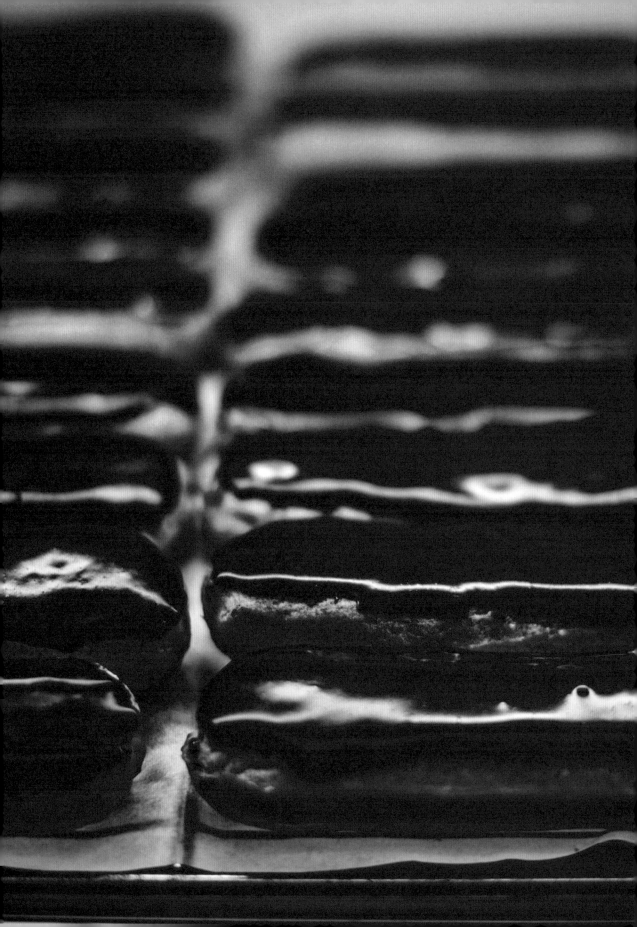

玫瑰果仁糖烤苹果

Pommes aux pralines roses

烹饪时间：20分钟

材料：

10个金冠苹果 / 150克玫瑰果仁糖 / 100克黄油

做法：

1.洗净苹果,挖出果核。

2.将苹果放在烤盘上,在苹果芯里放入黄油,撒上碾碎的玫瑰果仁糖,放入预热至190℃的烤箱中烤制20分钟直至稍微焦糖化。

3.将烤盘取出,待温热时即可享用。浇上烤制时的糖汁,味道更佳。

焦糖炖蛋

Crème Caramel

烹饪时间：18分钟

材料：

500毫升牛奶 / 500毫升30%脂肪含量的液体奶油 / 150克糖粉
8个蛋黄 / 1根香草荚(取籽)
焦糖：450克糖粉 / 5克葡萄糖或蜂蜜 / 100毫升水

做法：

1.制作焦糖。将糖粉、葡萄糖或蜂蜜、水混合后倒在陶瓷烤盅内。

2.在锅中将牛奶与奶油混合，加热至沸腾。在另一口锅中快速打发糖粉和蛋黄，再倒入热牛奶和奶油的混合物，放入香草籽，充分搅拌。

3.将以上混合物倒在陶瓷烤盅内的焦糖基底上，注意不要倒得太满。将烤盅放入预热至140℃的烤箱内，使用水浴法烤制18分钟，直至呈现可以抖动的浓厚质地。

4.烤好后取出，冷却后脱模。

漂浮之岛

Île flottante crème anglaise à la vanille

烹饪时间：15分钟

材料：

8个蛋白 / 1撮盐 / 180克糖粉 / 1升牛奶

焦糖：450克糖粉 / 5克葡萄糖或蜂蜜 / 100毫升水

900毫升香草奶油：170毫升30%脂肪含量的液体奶油

500毫升全脂牛奶 / 7个蛋黄 / 120克糖粉 / 1根香草荚 (取籽)

做法：

1.制作香草奶油。在锅中混合牛奶与奶油，煮至沸腾。在碗中混合蛋黄、糖粉、香草籽一同打发，倒入1汤匙热牛奶与奶油的混合物来稀释蛋黄，然后将蛋黄混合物倒回热牛奶与奶油锅中并持续打发。将锅放回火上加热，并用木汤匙不停地搅拌混合。当混合物变稠，关火，将其倒入凉的碗中冷置。

2.在蛋白中加入少许盐，打发。当蛋白几乎呈现雪状时加入糖粉，持续快速搅拌使蛋白变成坚硬酥脆状。锅中倒入牛奶，放入之前剥下的香草荚，煮至轻微沸腾。用大汤匙盛一匙打发好的蛋白放入热牛奶中焯3~4分钟，用漏勺翻面再煮另一面。将香草奶油放入汤盘或深盘中，其上放置煮熟的蛋白"岛"。

3.最后一刻制作焦糖：混合糖粉、葡萄糖或蜂蜜、水。中火加热，无需搅拌，直至呈现棕色焦糖状。将焦糖细细地倒在蛋白上即可。

布列塔尼传统蛋糕

Far breton

烹饪时间：40分钟

材料：

400克李子干（去核）/ 1袋伯爵茶包（Earl Grey）
200克面粉 / 270克糖粉 / 10个鸡蛋
1升全脂牛奶 / 1根香草荚（取籽）

做法：

1.在开水中浸泡伯爵茶包，将茶水倒在李子干上，浸泡约1小时使其膨胀。

2.混合面粉、糖粉以及香草籽。将鸡蛋轻轻打散，与牛奶混合。

3.将蛋奶混合物与面粉、糖粉混合物充分混合搅拌，将其倒入抹了黄油和面粉的烤盘内，再均匀地放入泡发好的李子干。

4.将烤盘放入预热至180℃的烤箱中烤制约40分钟即可。

樱桃
克拉夫缇
Clafoutis aux cerises

烹饪时间：30分钟

材料：

310克糖粉 / 160克面粉 / 7个鸡蛋
300毫升全脂牛奶
300毫升30%脂肪含量的液体奶油
2根香草荚（取籽）/ 500克樱桃 / 30克糖粉

做法：

1.将鸡蛋与糖粉混合后打发，加入面粉和香草籽，用打蛋器搅拌。随后加入牛奶和奶油。

2.将此混合物倒入涂抹过黄油和面粉的烤盘里，然后均匀放入洗净未去核的樱桃。

3.将烤盘放入预热至160℃的烤箱中烤制30分钟。

4.烤好后取出，待其变温后再脱模。撒上少许糖粉即可享用。

奶油香草鸡蛋布丁

Flan pâtissier

烹饪时间：1小时

材料：

2个鸡蛋 / 200克糖粉 / 100克玉米淀粉 / 1升全脂牛奶

甜面团：300克面粉 / 150克黄油(软膏状) / 80克杏仁粉 / 75克糖粉 / 2个鸡蛋

做法：

1.制作甜面团。将面粉、杏仁粉、糖粉混合，再与打散的鸡蛋和黄油混合，必要时用少许水来调整混合物的质地。将混合物揉成面团，裹上保鲜膜，放置于阴凉处醒发1个小时。

2.取两个挞派模具(直径约20厘米)，将面团铺满模具底部，放入冰箱冷藏约1小时。

3.将模具放入预热至140°C的烤箱中烤制约20分钟，烤好后取出晾置。

4.将牛奶加热至沸腾。在加热过程中打发鸡蛋、糖粉、玉米淀粉的混合物。将其倒入热牛奶中并用搅拌器搅拌。将此混合物倒入之前烤好的挞上，再放入预热至200°C的烤箱中烤制约40分钟。

朗姆芭芭

Baba au rhum

烹饪时间：15分钟

材料：

500克法国T45号面粉[1] / 20克面包酵母 / 70毫升全脂牛奶 / 5个鸡蛋 / 225克融化黄油 / 60克糖粉 / 1撮细盐

朗姆糖浆：500毫升水 / 350克粗红糖 / 100毫升棕色朗姆酒

550克香缇奶油：450毫升30%脂肪含量的奶油 / 50克糖粉 / 1根香草荚（取籽）

做法：

1.制作香缇奶油。将奶油、糖粉、香草籽混合，用打蛋器打发。

2.厨师机内放入面粉、盐、糖粉，使用厨师机的钩子慢速搅拌。再加入已经混合了粗红糖的牛奶，用高一挡速度搅拌，再加入打散的鸡蛋，逐渐搅拌至容器的边缘。一直搅拌到面团变得顺滑且有弹性，然后加入融化且常温的黄油，继续打发15分钟。

3.在萨瓦兰蛋糕模具内涂上黄油。将面团（约50克）装满模具一半的高度，放置在一个温热的地方（如已断电的热烤箱门前）。当面团膨胀到两倍大时，放入预热至155℃的烤箱中烤制15分钟。

4.在此期间制作朗姆糖浆。锅中倒水，加入粗红糖和朗姆酒，煮至沸腾。

5.将热的蛋糕脱模，放在盘子上。有规则地倒入糖浆，直到糖浆充分渗入到蛋糕里。将蛋糕盛在汤盘内，淋上少许糖浆和香缇奶油，即可享用。

注1：法国T45号面粉，麸质较高，粉质油腻有流动性，适合做法式甜面包。可用低筋面粉代替。

蓝莓挞

Tarte aux myrtilles

烹饪时间：50分钟

材料：

4个蛋白 / 200克糖粉 / 40克面粉 / 50克杏仁粉 / 500克蓝莓
甜面团：300克面粉 / 150克黄油（软膏状）/ 80克杏仁粉 / 75克糖粉 / 2个鸡蛋

做法：

1.制作甜面团。将面粉、杏仁粉、糖粉混合，再加入打散的鸡蛋液和黄油，搅拌，必要的话可加入少许水以调整面团质地。将混合物揉成一个面团，裹上保鲜膜，在凉爽的地方醒发1个小时。

2.将面团装入两个挞派模具中（直径约20厘米），放入冰箱中冷藏1小时。取出后放入预热至140℃的烤箱中烤制约20分钟，烤好后取出备用。

3.打发加入糖粉的蛋白，随后加入面粉与杏仁粉。将此混合物倒在之前做好的挞上，其上摆放好蓝莓，再放入预热至200℃的烤箱内烤制30分钟。

柠檬挞

Tarte au citron

烹饪时间：40分钟

材料：

3个柠檬榨汁（约120毫升）/ 2个柠檬皮 / 240克糖粉 / 4个鸡蛋 / 320克黄油 / 1片明胶 / 玉米淀粉
甜面团：300克面粉 / 150克黄油（软膏状）/ 80克杏仁粉 / 75克糖粉 / 2个鸡蛋

做法：

1.制作甜面团。将面粉、杏仁粉、糖粉混合，再加入鸡蛋和黄油，搅拌，必要的话可加入少许水调整面团质地。将混合物揉成一个面团，裹上保鲜膜，在凉爽的地方醒发1个小时，随后装入两个挞派模具中（直径20厘米），放入冰箱中冷藏1小时。

2.将模具放入预热至140℃的烤箱内烤制约20分钟，烤好后取出备用。

3.将柠檬皮擦丝，柠檬挤汁，将柠檬汁和柠檬皮丝混合，煮沸。在鸡蛋液中加入糖和少许玉米淀粉后打发，在其上倒入热柠檬汁并充分打发。将混合物倒入锅中，在文火上充分搅拌，煮至浓稠状再关火。

4.将明胶放入冷水中软化。将浓稠的柠檬混合物倒在黄油上，用打蛋器充分搅拌。加入沥干水分的明胶，快速搅拌。将此柠檬奶油倒在烤熟的挞皮上，晾置后享用。

布柔朗家法式吐司

Pain Perdu de chez poujauran

烹饪时间：10分钟

材料：

1个陈吐司（昨天或前天的）/ 200毫升30%脂肪含量的液体奶油
200毫升全脂牛奶 / 60克糖粉 / 2个蛋黄 / 1根香草荚（取籽）/ 100克黄油
55克香缇奶油： 450毫升30%脂肪含量的液体奶油 / 50克糖粉 / 1根香草荚（取籽）

做法：

1.制作香缇奶油。混合奶油、糖粉、香草籽，用打蛋器打发。

2.混合奶油和牛奶。混合糖粉、蛋黄、香草籽，打发，再倒入奶油牛奶混合物，充分搅拌。

3.将陈吐司切成1.5厘米厚的片，放入盘中。将混合物倒在吐司片上，待其浸泡至少15分钟后翻面。

4.将吐司片沥干，将糖粉撒在吐司片的一面上，放入锅中用黄油煎至上色。翻面后再撒上糖粉，继续煎。煎好后佐以香缇奶油享用。

馥芮滋

Fraises rhubarbe à la menthe

材料：

1千克大黄, 取茎部 / 250克粗红糖 / 2500毫升水 1千克新鲜草莓 / 1束新鲜薄荷

做法：

1.将大黄茎洗净并摆盘。在锅中用一半粗红糖一半水熬制糖浆, 沸腾后倒在大黄茎上。在室温下晾置, 然后切成3厘米长的段。

2.将草莓洗净, 去蒂, 根据草莓大小各切成2块或4块。

3.将草莓与大黄茎、薄荷碎混合, 依个人口味浇上糖浆, 趁新鲜时享用。

法式巧克力布蕾

Pot de crème au chocolat

烹饪时间:10分钟

材料:

400克60%可可含量的巧克力
奶油:200毫升30%脂肪含量的液体奶油 / 600毫升全脂牛奶 / 5个蛋黄 / 50克糖粉

做法:

1.在锅中将牛奶和奶油混合,加热至沸腾。在蛋黄中加入糖粉,打发。

2.将1汤匙热的牛奶奶油混合液倒在蛋黄混合物中帮助稀释,再将蛋黄混合物倒回热的牛奶奶油混合液中并快速搅拌。

3.将锅放回火源上,不停地用木汤匙搅拌,当混合物呈现浓稠质地时马上离开火源,将其倒在碾碎的巧克力上,并用搅拌器或打蛋器搅拌。

4.将布蕾倒在碗里,放入冰箱中冷藏。

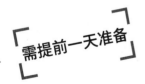

需提前一天准备

7/7
Midi-Minuit

BOULEVARD
DE
CLICHY

Bou

Bouillon
PIGALLE

皮嘉尔热汤餐厅

传统的回归和对于花费合理价格用餐的关注，使杜瓦尔热汤食堂从历史的遗忘中走了出来。2017年末，这项美食遗产中的一部分重生了：皮嘉尔热汤餐厅重新打开了它的大门！在巴黎克利希大道22号 (Au 22, boulevard de Clichy)，位于阿贝斯广场 (Abbesses) 和新雅典区 (Nouvelle Athènes) 之间，占地750多平方米，拥有300个座位，一共三层，专门为人们享受用餐乐趣而建。食堂提供大量美味佳酿，无论是盘中餐还是杯中酒：蛋黄酱鸡蛋 (1.9欧)、油醋汁韭葱 (3.4欧)、油渍苹果鲱鱼 (4.5欧)、面包汤 (3.2欧)、焗烤菜花配奶酪白汁 (8.5欧)、橄榄油大蒜鳕鱼羹 (9.2欧)、勃艮第牛肉 (9.8欧)……这些长久以来一直保留着的菜肴鱼贯而出，巴黎展现出了它独有的风味。从正午到午夜，每个人都消费得起，水、苏打水、葡萄酒、起泡酒……从瓶装到杯装。在这里，现在与过去重新连结，但并不是随意地连结。三年多的思考是必要的，保证价格，不放弃品质，同时保证数量，完美的流程管理使每项服务看起来都好像没什么难的。每周7天，每年365天，派对如火如荼地进行着。

巴黎兰吉斯广场 (Rungis)

凌晨四点，当整个巴黎还在睡梦中时，它的"腹地"却早已醒来，这个世界上最大的生鲜批发市场已经开始为它的客人们提供服务，在他们之中就有皮嘉尔热汤餐厅的采购团队。四处而来的各种型号的货车，一望无际的售卖亭，来来往往的人潮如波浪般不断涌动……每年大约有600万人在清晨前进入这个大市场，是名副其实的城中城。远处，成熟的工匠正在为城中大大小小的餐厅准备食材，在这里，海鱼有着难以置信的新鲜；更远处，是法国本地产的价廉质优的肉类；满是新鲜出品的水果和蔬菜。在这个专门为法兰西的蔬菜商保留的空间里，货摊上的食材看似都快溢了出来，冬天时的水芹、菊苣、防风、苹果……在晴朗的日子里，各种沙拉菜、洋葱、小萝卜、番茄、覆盆子、琉璃苣、三色堇……在这儿，旺季尽情地展现着它的生命力。这个市场指引着皮嘉尔热汤餐厅的意愿——公道的价格，另外附带着农民们的建议。这里简直堪称一座金矿，它不仅服务着法兰西，更超越了国界，一切都是那么宽广辽阔。

杯中酒

打开一瓶酒，将它倒入香槟杯或浅口杯中，对于这种表达方式，皮嘉尔热汤餐厅有它自己的一套做法——香槟是首先被享用的。从2017年底开始，在克利希大街22号，奥克产区的长相思餐酒，罗纳河谷产的西拉白葡萄酒，还有啤酒、可口可乐、巴黎水、伟图矿泉水等，从四分之一瓶装到三倍瓶装，都装在刻有雕像的瓶子里。重点是温和的价格和优质的服务，这也是皮嘉尔热汤餐厅一贯坚持的经营理念！

厨房

每天服务于1500人次用餐需要一个完美的组织管理结构,厨房见证了这一切。在地下一层的生产部,工作从早8点持续到午夜:需打发25升蛋黄酱,制作80千克夏洛莱勃艮第牛肉,烤制250个普罗旺斯番茄,按照每小时500个的标准准备土豆,填充100块闪电泡芙……在一层,开始下单,中午12点,时钟即将敲响,宣告了高峰时段的来临。将新出炉的前菜和甜点准备好,以用于自助服务。在此期间,炉灶上炖着主菜。盛宴可以开始了……

餐厅大厅

几乎没有停歇的时刻!巴黎人一如既往地想要享受皮嘉尔热汤餐厅的美好时光!

从中午12点开始,第一批300位客人首先被迎入座位。17位服务生严阵以待,每个人深知他所负责的区域并严格遵循已经建立好的工作流程。首先,为他所负责区域的每张餐桌点餐,然后来到厨房下单,接着再为客人点饮料,一个接一个地收走要求被撤下的冷盘,此时主厨咆哮着正在准备热菜。稍后,服务生端着全部菜肴再出发,最后停在收银台前,背对大厅,眼睛盯着屏幕,报出正在进行的订单:"42号桌:1份蛋黄酱鸡蛋,1份鲱鱼,1份小牛头肉,1瓶黄啤。17号桌:1份焗烤菜花和1瓶加斯科涅餐酒!"不止这些,还不包括那些四处跑来跳去的孩子们,兴致高昂的举杯畅饮者们,来到陌生之地畅饮的游客们,唱着歌吹熄了生日蜡烛的家庭们……毫无疑问,皮嘉尔热汤餐厅真的拥有那一"口"氛围!

杯中酒

à la Verse

Jéroboam	3 litres	大香槟瓶	3L	
Magnum	1,5 litre	大酒瓶	1.5L	
Quille	1 litre	细长瓶	1L	
Bouteille	75cl	标准瓶	75cl	
Demi	50cl	半瓶	50cl	
Quart	25cl	¼瓶	25cl	

Bouillon
PIGALLE

on Pigalle hiver 2017
levard de Clichy 75018 - PARIS
01 42 59 69 31
uillonpigalle.com
llonpigalle @bouillonpigalle

皮嘉尔热汤餐厅酒水单

Boissons 'à la Verse'

	Quart 25 centilitres	Demi 50 centilitres	Bouteille 75 centilitres	Quille 1 litre	Magnum 1,5 litre	Jéroboam 3 litres
Vittel	1	1,90	2,80	3,70	5,50	10,50
Perrier	1,30	2,40	3,60	4,70	6,90	13
Coca-Cola	1,90	3,70	5,50	7,30	10,90	21
Coca-Cola Zéro	1,90	3,70	5,50	7,30	10,90	21
Ice tea	1,90	3,70	5,50	7,30	10,90	21
Jus d'orange	2,60	5,10	7,80	10,40	15,70	31,40
SILVER (bière blonde)	2,30	4,60	6,90	9,20	13,80	27,60
SILVER + PICON	2,60	5,20	7,80	10,40	15,60	31,20
Vin rouge Côtes du Rhône AOC Rochadour	3,20	6,40	9,60	12,80	19,20	38,40
Vin rouge Lubéron AOC Méjane	3,20	6,40	9,60	12,80	19,20	38,40
Vin blanc IGP Côtes de Gascogne Colombard	3,20	6,40	9,60	12,80	19,20	38,40
Vin blanc Pays D'Oc - Sauvignon	3,20	6,40	9,60	12,80	19,20	38,40
Vin rosé IGP Alpilles	3,20	6,40	9,60	12,80	19,20	38,40

Bulles de Bouillon pétillant BRUT Nature Lise & Bertrand Jousset - Montlouis-sur-Loire

LA COUPE : 5,5
LA BOUTEILLE : 32

Cocktails en fût de chêne

VIEUX CARRÉ (Bourbon, Bénédictine, Martini rouge, Cognac) - 6
AMERICANO (Gin, Martini rouge, Noilly Prat) - 6

Apéritifs

Ricard (2cl) - 2 Mauresque (2cl) - 2,10 Perroquet (2cl) - 2,10
Tomate (2cl) - 2,10 Whisky Clan Campbell (4cl) - 4,60
Lillet (Blanc ou Rouge) (5cl) - 3,30 Saint-Raphaël (5cl) - 3,30
Salers, Salers cassis (5cl) - 3,30 Kir cassis (12cl) - 2,60

Digestifs

Calvados (4cl) - 4,10 Cognac (4cl) - 4,10
Eau de vie Poire Williams (4cl) - 4,10 Armagnac 10 ans
Delaitre (4cl) - 4,10 Marc de Bourgogne (4cl) - 4,10
Rhum Bacardi Oakheart (4cl) - 4,10

Vin en bouteille

ROUGE
Bordeaux Réserve James Deschartrons - 22,50
Ventoux AOC Canaillou - 17
Fronton AOC Le Titi Guy Salmona, Bio & Vegan - 19

BLANC
Saumur AOC les Plantagenets - 17,50
Mœlleux 'Or de l'Ange' - 17

ROSÉ
Gris de Gris domaine du petit Chaumont - 17,50

Caféterie

Expresso (Massaya BIO) - 1,60   Déca - 1,50
Allongé - 1,60 Noisette - 1,60 Crème - 2,20
Thé (Ceylan / Thé vert jasmin) - 2,20
Infusion (Camomille / Tilleul) - 2,20

Bouillon Pigalle hiver 2017
22 boulevard de Clichy 75018 - PARIS
Tel. : 01 42 59 69 31
www.bouillonpigalle.com
#bouillonpigalle @bouillonpigalle

Bouillon
PIGALLE

Entrées

Champignons au vinaigre, ail - 2,90   Œuf mayonnaise - 1,90   Saucisse sèche, olives - 3,80
Rillettes de poisson maison, pain de campagne - 3,80   Bulots, mayonnaise à l'oseille - 6,40
Bouillon de bœuf, vermicelles - 1,80   Poireau vinaigrette, noisettes - 3,40
Céleri rémoulade, sprats fumés - 3,70   Hareng, pommes à l'huile - 4,50
Escargots beurre persillé, les 6 - 7 Os à moelle - 3,90 Museau, graines de moutarde - 3,80
Pâté croûte pintade et morilles - 8,80   Velouté de lentilles au foie gras - 4,90

Plats

Gratin de chou-fleur, sauce Mornay - 8,50   Brandade de morue - 9,20
Cabillaud sauce vierge ou beurre blanc - 12,80   Boudin basque, purée de pommes de terre - 10,80
Légumes anciens, mimolette - 8,80   Tartare de bœuf préparé, frites - 10,50
Bifteck frites, beurre Maître d'hôtel - 10,50   Pot-au-feu - 11,50   Saucisse, purée - 11,50
Bœuf bourguignon, coquillettes - 9,80   Blanquette, oignons grelots - 10,50
Tête de veau, sauce gribiche - 11 Agneau de 7 heures, haricots au jus - 9,80
L'aile ou la cuisse sauce Poulette, frites - 9,80

À CÔTÉ : Salade de mâche aux noix - 2,20   Frites - 2,50   Haricots au jus - 2,80
Légumes au bouillon - 2,80   Coquillettes au bouillon de bœuf - 2,60

Fromages

Fourme d'Ambert - 2,60   Saint-Nectaire fermier - 2,90   Cantal entre-deux - 2,60

Desserts

Chou, Chantilly - 2,90   Éclair au chocolat ou café - 2,90   Pot de crème chocolat - 3,20
Profiterole, glace au lait et chocolat chaud - 4,50   Baba au rhum, crème fouettée - 4,50
Riz au lait, caramel beurre salé - 2,80   1/4 d'ananas frais - 3,90   Far aux pruneaux - 3
Glace au lait frais - 2,80 (supplément noisettes et caramel ou chocolat +0,5)

PRIX EN EUROS.   SERVICE COMPRIS : 13%

NOUS TENONS À VOTRE DISPOSITION LA LISTE DES INGRÉDIENTS ALLERGÈNES.

Bouillon
PIGALLE

Antipasti

Funghi con aceto e aglio - 2,90   Maionese all'uovo - 1,90   Salsiccia secca e olive - 3,80
Taramosalata di pesce con pane di campagna - 3,50   Lumache di mare con maionese all'acetosella - 6,40
Brodo di carne con vermicelli - 1,80   Porro con vinaigrette e nocciole - 3,40
Sedano con salsa rémoulade e spratti affumicati - 3,70   Aringa con patate all'olio di oliva - 4,50
Lumache con burro aromatizzato al prezzemolo (6 pezzi) - 7   Osso con midollo - 3,90
Paté in crosta con foie gras - 8,80   Zuppa di pane al formaggio - 3,20
Muso di manzo con semi di senape - 3,80

Piatti principali

Gratin di cavolfiore con salsa Mornay - 8,50   Merluzzo con sauce vierge o salsa beurre blanc - 12,80
Brandade de morue (baccalà alla provenzale) - 9,20   Verdure antiche e formaggio mimolette - 8,80
Tartare di manzo già condita con patatine fritte - 10,50   Bistecca di manzo con patatine fritte
e burro Maitre d'Hôtel - 10,50   Pot-au-feu (bollito di manzo con verdure) - 11,50
Salsiccia con purè di patate - 11,50   Manzo alla borgognona con contorno di gomiti (pasta corta) - 9,80
Blanquette di vitello con cipolline - 10,50   Testa di vitello con salsa gribiche - 11
Agnello delle 7 ore con fagioli bianchi cotti nel loro sugo - 9,80   Ala o coscia di pollo con
salsa poulette e patatine fritte - 9,80

CONTORNI : Insalata di crescione con noci - 2,20   Patatine fritte - 2,50   Fagioli bianchi cotti nel
loro sugo - 2,80   Verdure in brodo - 2,80   Gomiti (pasta corta) in brodo di manzo - 2,60

Formaggi   Rocamadour - 2,90   Saint-Nectaire di fattoria - 2,90   Cantal entre-deux - 2,60

Dolci

Choux con crema chantilly - 2,90   Éclair al cioccolato - 2,90   Mousse al cioccolato - 3,20
Profiterole con gelato al latte e cioccolato caldo - 4,50   Babà al rum con panna montata - 4,50
Riso al latte con caramello al burro salato - 2,80   Pere alla bella Elena con mandorle - 3,80
1/4 di ananas fresco - 4,50   Clafoutis alle prugne - 3   Gelato al latte fresco - 2,80
(supplemento nocciole e caramello : +0,5)

え - 1.90   サラミ&オリーブ - 3.80
入りマヨネーズ添え - 6.40
ヘーゼルナッツ添え - 3.40
ジャガイモのオリーブオイル和え - 4.50
グラ入りパテクルート（パテのパイ包み）- 8.80
ードシード添え - 3.80

ソースまたはホワイトバター - 12.80
味入りタルタルステーキ&フライドポテト - 10.50
- 11.50   ソーセージ&マッシュポテト - 11.50
- 9.80   ブランケット（ホワイトシチュー）&バー
込み）&グリビッシュソース - 11
もも肉&プーレットソース・フライドポテト - 2.80
ト - 2.50   肉汁がけモジェットビーンズ - 2.80
ビーフブイヨン - 2.60

ール - 2.90   カンタル・アントル・ドゥ - 2.60

ト
クレア - 2.90   チョコレートムース - 3.20
コレートソース - 4.50   ババ（イースト菓子）&ホ
ス - 2.80   洋ナシのベル・エレーヌ アーモンド添
プルーンのクラフティ - 3
ッツ&キャラメルソースの追加 +0.5）

アレルゲン食材の一覧表をご希望の際は

巴黎兰吉斯生鲜市场(Rungis)，
世界最大的生鲜市场。

蔬菜、海鲜贝类、鱼、法国本地产的肉类……
季节的转换指引着皮嘉尔热汤餐厅的需求。

咖啡豆已抵达勒阿弗尔港口（Portdo Havre）。

每天服务于1500多位客人，需要一个完美的管理流程。

实用指南

有规律可循的餐厅管理流程

准备一份10人餐的关键就是要有组织性!花一些时间来设计菜单、购物单和在厨房实际烹饪时的不同步骤,以及是否准备好所需设备(或替代品)是必不可少的。

1. 设计食谱

这是重中之重,以设计菜单和前菜、主菜及甜点作为开始。归类需要提前一天准备的食谱和需要当天准备的食谱,这样可以更好地帮助你合理安排时间。有一些需提前准备的菜肴可能需要再次用文火加热并保存,可以在烹饪其他菜肴的同时来完成此项工作。同样,需要归类需长时间烹饪的食谱和短时间烹饪的食谱。

2. 仔细阅读食谱

你可能觉得这是显而易见的事,但请不要忽略这项基础步骤。在这一刻,你可以列出购物清单,并记下某些料理的准备工作可能需要静置的时间,亦或你会发现两种料理并不兼容,因为它们需要使用同样的工具或需要同时进行烹饪。

3. 拟定购物清单

阅读每道食谱,记下所需食材。根据你的菜单而不是每道料理来准备购物清单,这样会更实用,以便合理安排某些食材同时出现在几道料理中的情况。

4. 建立步骤流程

一旦阅读完食谱,你便可以知道完成每道料理需要哪些步骤。请列在一张纸上,看看细节:如果一道食谱中提到需要"碾碎的果仁"或"奶酪碎",请提前准备以避免烹饪过程被打断。

注意中间步骤,比如去皮和切片,这很耗时并且是不可压缩的时间,在设计菜单时常常被我们所忘记。所有这些预备步骤,例如给蔬菜去皮都可以提前一天准备。

5. 在厨房中的组织工作

通常倾向于先准备甜点,然后是主菜,最后以前菜结束,这种方式更加简单和快速。

仔细记下不同食材的烹饪方法和时间,避免临时发现两种食材同时需要烤制或突然发现缺少锅具!

制订计划时也要考虑每道料理所需的准备时间(不可忽略,因为数量可观)和烹饪时间。

从需要晾置和需要等待的料理开始,比如说调制油醋汁。

6. 选择餐盘、模具和其他炊具的尺寸

如果你没有足够应付10人餐的餐盘或锅具,你可以同时使用两个小一点的容器或者分几次完成烹饪。比如烤制甜点挞,最好分成两轮烤制或者使用直径20厘米的挞盘。

相反地,对于那些带酱汁的食谱,使用深锅大量煨炖,效果会更好。

你也可以更换器皿的类型:比如用高压锅代替小锅,这样可以有更多的空间(特别是用于鸡蛋烹饪)。有一种通用的方法:让需要料理的食材的数量来适应烹饪器具。

小窍门

保温

理想的做法是把烤箱设定在80℃~100℃之间,以保持铸铁锅的热度。如果是烤盘,可以覆盖上防油纸(烘焙纸)。要避免使用铝制品。

凉置

非常不建议将热的食材直接放入冰箱,尤其是放在凉的食材旁边,这样会造成凉的食材温度升高。建议在室温下晾置,需要的话再放入冰箱。

上菜时

对于这个步骤,服务是易于操作的,只需直接把料理好的餐盘呈上餐桌即可。

烹饪技术解析

澄清黄油

这是一种将黄油低温融化,并从中解析出酪蛋白和乳清的方式。

上色

不论给哪种食材上色,只需在烹饪器具中加热所选的油脂。当要求"上重色"的时候,意为过度上色,即几乎呈现出"焦糖色"。

蔬菜料理

料理蔬菜的时间通常取决于蔬菜的体积以及火候的强弱。可以用刀尖戳一下食材,以检查成熟度。

使干燥

将一份料理或食材中的水分蒸发。如果是泡芙,判断标准就是面团可以很容易地脱离烹饪器具的内壁。

使乳化

使用打蛋器或搅拌器将互相独立的成分混合在一起(比如油醋汁中的油和醋),直到它们形成同质的成分。

火烧

在热的食材上浇上酒精并靠近火源使酒精燃烧。

模具垫底

将面团抹平并放置在模具内。

英式撒面包屑

将食材放在过筛的面粉上并重复此步骤,使食材的每一面都裹上面粉,然后轻拍,以去除多余的面粉。接着将食材放入蛋液里,必要的话在蛋液中加入油,最后蘸上面包屑。

去除

在烹饪词汇中,该词的意思是去除一种食材中不可食用的部分。

白酱

该酱汁的主要成分是等量的黄油和面粉。首先融化黄油,然后一次性加入面粉,用抹刀或搅拌器搅拌,并放在文火上炒2~3分钟并持续搅拌。炒制成的食材通常用来勾芡汤汁。

棕酱

依照白酱的做法,炒制时间长,直至呈现棕色。

裹面粉

将面粉裹在油炸过的食材表面,然后再在食材表面倒上液体(葡萄酒、汤、水)。在倒液体之前面粉要煎一会儿。这项操作用来勾芡酱汁。

糖浆

水和糖混合并煮沸,可以加入香草、香料等。

菜单安排

头盘:
主菜:
甜点:
购物清单:

酒水:

预估厨房电量

烹饪用: 服务用:

烹饪计划

前夜：

当天：

上前菜时：

上主菜时：

上甜点时：

BOUILLON PIGALLE © Hachette Livre (Marabout), Paris, 2018

Texts by Bouillon Pigalle Team, photos by Benoit Linero.

Simplified Chinese version arranged through Dakai Agency Limited.

Chinese translation (simplified characters) copyright © 2020 by Publishing House of Electronics Industry (PHEI).

本书简体中文版经由Hachette Livre(Marabout)会同Dakai Agency Limited授予电子工业出版社有限公司在中国大陆出版与发行。专有出版权受法律保护。

版权贸易合同登记号 图字：01-2019-4404

图书在版编目（ＣＩＰ）数据

巴黎食堂：百年老店的前世今生与最受欢迎食谱 / 法国皮嘉尔热汤项目组编著；（法）伯努瓦·理内罗
(Benoit Linero) 摄影；张梦冬译. —北京：电子工业出版社，2020.6
ISBN 978-7-121-39166-8
Ⅰ．①巴… Ⅱ．①法… ②伯… ③张… Ⅲ．①食谱—法国 Ⅳ．①TS972.185.65

中国版本图书馆CIP数据核字(2020)第106996号

策划编辑：白　兰
责任编辑：张瑞喜
印　　刷：中国电影出版社印刷厂
装　　订：中国电影出版社印刷厂
出版发行：电子工业出版社
　　　　　北京市海淀区万寿路173信箱　　邮编：100036
开　　本：787×1092　1/16　印张：11.5　字数：236千字
版　　次：2020年6月第1版
印　　次：2022年9月第2次印刷
定　　价：68.00元